도시와 문화를 바꾸는

곡면의 건축

Guggenheim Museum Bilbao

윤용집, 이미혜

Spacetime

도시와 문화를 바꾸는 곡면의 건축
Guggrnheim Museum Bilbao

윤용집 · 이미혜 지음
1판 1쇄 2010년 7월 10일

발행인 김기현
발행처 시공문화사
등 록 1993년 3월 12일
주 소 서울시 서대문구 현저동 200 극동빌딩 5층(120-796)
전 화 02) 3147-1212, 2323, 737-3930
전 송 02) 3147-2626
ISBN 978-89-5592-163-1
http://www.spacetime.co.kr spacetime@korea.com

편 집 Design_Battery
인 쇄 예림인쇄사
제 본 문종문화
용 지 대림지업(주)

정가 13,000원

도시와 문화를 바꾸는

곡면의 건축

Guggenheim Museum Bilbao

들어가는 말

'도시와 문화를 바꾸는 곡면의 건축'은 제목 그대로 한 도시와 그 도시의 문화를 바꿀 만큼 영향력을 가진 곡면의 외형을 띄는 건축물에 대한 이야기이다.

잘 지어진 건축물이 한 도시의 모습과 문화 수준에 미치는 영향력은 생각보다 크다.
사실 건축 관련 분야에 몸담고 있는 우리는 하루에도 몇 번씩 이런 생각에 절실히 공감하지만, 평소 건축에 관심이 없더라도 설레는 해외 여행의 첫날을 유명 건축물을 돌아보는 것에서 시작해 본 경험이 있는 사람이라면 쉽게 이에 동의할 수 있을 것이다. 한 도시의 문화는 그 도시의 건축물에 잘 반영되어 있으며, 시대를 앞서갈 만큼 뛰어난 건축물은 다시 그 도시의 모습과 문화를 변화시킬 만큼의 영향력을 갖기 때문이다.

건축물을 가치 있게 만드는 요인으로 여러 가지를 들 수 있다. 하지만 특히 우리를 매료시켰던 '곡면의 건축'들은 건물이 만들어지던 시점에서 가장 발전된 구조, 재료, 형태가 사용된, 선구적인 '디자인과 기술의 결정판'이자, 연관 분야의 발전을 이끄는 견인차 역할을 했다는 점에서 그 가치를 인정받을 만 하다. 더구나 이런 비범한 건축물이 주변에 지어지도록 허락한 해당 도시의 문화적 수준이나 가능성을 단적으로 보여주는 좋은 기준이 되기도 한다.
이 책의 주인공인 곡면의 건축은 이렇게 건축의 한계를 넘어서는 뛰어난 디자인, 선진적인 기술, 그리고 문화적 배경으로 우리의 발걸음을 멈추게 했을 것이다.

운 좋게도 국외를 경험할 기회를 남보다 많이 가졌던 우리가 서울에 다시 정착한 지 이제 10년이 되었다.

지난 10년 동안 국내 건축계에도 많은 긍정적인 변화가 있었고, 실제로 오늘도 '디자인 서울' 이라는 구호 아래 매일 변신을 시도하는 도시를 기대 반 걱정 반의 마음으로 지켜보고 있다.

물론 아직도 '왜 서울에는 이런 건물이 지어지지 못하는 것일까?' 혹은 '도대체 이런 건물은 어떻게 하면 만들어지는 것일까?' 같은 10년 묵은 아쉬움이 모두 해소되었다고 간주하기는 어려운 것도 사실이다.

좋은 건축물이 욕심만으로 단숨에 만들어지지는 않겠지만, 가치 있는 건물이 주는 긍정적인 측면을 많은 사람과 함께 하고 싶은 마음에서 오랜 동안 생각으로만 담아두었던 이야기를 이 책, '도시와 문화를 바꾸는 곡면의 건축' 을 통해 소개하게 되었다.

우리 두 사람이 지난 10여 년 간 함께 건축관련 분야에 몸담으며 나누었던 많은 논쟁과 이야기, 강의를 위해 준비했던 다수의 자료, 그리고 잊지 못할 순간을 담은 직접 촬영한 이미지들을 생각을 같이 하는 분들과 공유하고자 한다.

이 책의 형식을 놓고 학교 교재로 사용될 만큼의 전문적인 건축서적 형식과 가벼운 가십거리 내용과 사진을 위주로 한 여행전문서적 형식 사이에서 망설이느라 아쉬운 시간을 제법 허비했다. 결국 다수의 눈높이를 고려하고, 늘 아쉬웠던 '제대로 된 한 권의 여행안내책자' 에 대한 개인적인 욕심에서, 이 책의 주 독자층을 여행을 좋아하고 건축에 관심 많은 일반인으로 삼는 절충안을 마련하게 되었다.

이 책은 건축관계자가 보아도 제법 만족할 만한 전문적인 내용과 일반인들도 흥미로워 할 수 있는 뒷 이야기들을 비슷한 비중으로 다룰 것이며, 여행을 계획하는 독자를 위해 건물을 둘러싼 도시와 문화의 모습을 생생한 현장 사진과 함께 소개할 것이다.

'도시와 문화를 바꾸는 곡면의 건축'은 시리즈로 계속 될 예정이다. 시리즈의 첫 주인공으로 선택된 Frank O. Gehry의 Guggenheim Museum Bilbao는 여러 수식어가 불필요할 만큼 뛰어난 디자인과 Highend하이앤드 기술이 접목된 명실상부하게 21세기를 대표하는 곡면의 건축물이다. 이 건물의 가치는 비단 건축적인 측면에 그치지 않아, 유럽의 일개 무명 도시였던 Bilbao를 단숨에 세계적인 문화관광의 도시로 격상시키는데 큰 역할을 담당하였다는 점에서 더욱 그 잠재력과 가능성이 돋보인다. 이 책에서는 부록의 수준으로 간단히 소개되지만 Jørn Utzon의 Sydney Opera House와 Spain의 건축가 Antonio Gaudí의 곡면 건축물 등도 Guggenheim Museum Bilbao을 월등이 능가하는 가치 있는 건물로 곡면의 건축물의 계보를 형성하는 주축이라고 할 수 있다. 빠른 시일 안에 이들 건축물들도 심도 있고 재미나게 엮어 '도시와 문화를 바꾼 곡면의 건축' 시리즈의 후편에서 다룰 볼 계획임을 미리 밝혀둔다.

항상 여행을 통해 두려움보다 설렘을 꿈꿀 수 있도록 허락해 주신 양 쪽 부모님의 끝없는 사랑과 지원에 무엇보다 감사의 말씀을 드리고, 우리 두 사람의 영원한 친구인 아들, 창민에게 언제나 큰 힘을 얻고 있다는 말을 꼭 전하고 싶다. 우리를 건축 분야에 안착하게 도움을 주신 Harvard GSD의 Daniel Schodek 교수께도 감사의 말을 빼놓을 수 없다.

2010년 5월

윤용집, 이미혜

도시와 문화를 바꾸는

곡면의 건축

목 차

서론

제 1 부 Guggenheim Museum Bilbao의 주역들

제1장 Bilbao시의 무한도전 25

제2장 Solomon R. Guggenheim Foundation의 결정 34

제3장 Frank O. Gehry and Associations의 도약 44

제4장 IDOM과 IDOM의 역할 55

제 2 부 혁신적 디자인과 그 실현

제1장 혁신적 디자인 프로세스 63

제2장 곡면건축과 구조 79

제3장 Limestone과 Titanium 89

제 3 부 세기의 건축을 찾아서

제1장 세기의 건축을 찾아서 95
제2장 The City of Bilbao 122

제 4 부 곡면의 건축들

제1장 The Great Fish of Barcelona 165
제2장 EMP: Experience Music Project 179
제3장 Sydney Opera House 203
제4장 Gaudí의 건물들 226

끊어질 듯 이어지는 불규칙한 곡선의 물결과 뜻밖의 장소에 위치한 연못

Guggenheim Museum in Bilbao

1991~1997, Bilbao, Spain

서론

건물이라기 보다는 부드럽고 입체적인 곡선으로 이루어진 거대한 조각품 같은 Guggenheim Museum Bilbao구겐하임 뮤지엄 빌바오는 보는 방향에 따라 세련된 한 척의 선박 같기도 하고, 한 송이의 장미꽃 같기도 하다. 서로 다른 모양의 철제 덩어리들은 불규칙하게 어우러진 조합이 되고, 유리 너머의 노출 구조물이 자아내는 유연한 곡선의 물결에선 절묘한 힘이 느껴진다. 이를 둘러싼 Titanium티타늄 외피는 화려한 은색부터 은은한 잿빛까지 시시각각 변하며 금속 같지 않은 부드러운 느낌으로 곡선의 건물을 더욱 돋보이게 한다. 기존 질서를 초월한 자유로운 형태Freeform프리폼, 현란한 곡선미와 세련된 디테일로 건축디자인의 새로운 지표를 제시했다는 Guggenheim Museum Bilbao는 이렇게 몇 장의 사진만으로도 일반인의 시선을 사로잡기 충분하다.

설계자인 Frank O. Gehry프랭크 오. 게리가 건축계의 노벨상으로 불리는 Pritzker Prize프리츠커 프라이즈 주1의 수상자였다는 안내서의 부가설명이 불필요하게 느껴질 만큼 건물이 만들어내는 독특한 아름다움은 즉각적이고 직접적이다.

이렇게 Guggenheim Museum Bilbao는 한 도시와 문화를 변화시킨 21세기 가장 성공적인 건축 Project프로젝트로 불리기에 충분하다.

선박 모양의 Guggenheim Museum Bilbao 전경

세계 각처에서 개관 첫 해 140만 명, 이후 연간 80만 명의 관람객들이 이 건물을 직접보기 위해 Bilbao빌바오라는 도시로 모여든다.

우리도 오랜 준비 끝에 2006년 여름, 지구 반 바퀴를 돌아가는 수고를 감수하며 France프랑스 국경에서도 차로 2시간을 달려 Spain스페인의 작은 도시 Bilbao에 입성하였다. Spain 땅을 처음으로 밟은 감흥을 느낄 겨를도 없이 서둘러 찾은 Nervion네르비온 강변에선 Guggenheim Museum Bilbao가 이미 여름 햇살에 빛나고 있었다.

Nervion강변을 따라 걷다 마주치게 되는 Guggenheim Museum Bilbao (2006년)

미술관이 시야에 들어오던 그 순간부터, 아쉬움을 뒤로 하고 도시를 떠나던 해 저물 녘까지, 시시각각 변화무쌍한 건물의 강력한 개성에 매료되었다. 가까이서, 안에서, 다시 밖에서도, 마주치는 모퉁이마다 누구라도 이 건물의 독특한 디자인을 찬미하던 수많은 수식어에 동의 할 것이다.

2008년 다시 Bilbao를 방문하게 된 우리는 여름날의 화려함보다는 늦겨울 묵직하고도 강한 카리스마가 느껴지는 건물에 기대앉아, 낡은 도시의 새로운 활력이 되어준 이 건물의 존재감과 의미에 대해 다시금 생각해 보았다.

강력한 민족주의에 바탕을 둔 Bilbao 시의 도전정신, 이를 인정한 Solomon R. Guggenheim Foundation솔로몬 구겐하임 파운데이션(이하 SRGF)의 과감한 결정, 그리고 완성도 있는 건물을 위한 Frank O. Gehry and Associate 프랭크 게리 어소시에이트(이하 FOG/A)와 시공업체가 이루어낸 치밀한 협업의 과정 등 드라마같이 흥미진진한 이들의 사연이 없었다면 우리가 알고 있는 Guggenheim Museum Bilbao의 성공은 불가능했을 것이기 때문이다.

미술관 Plaza에서 바라본 Guggenheim Museum Bilbao의 모습.
장미꽃 모양으로 솟은 부분이 미술관에서 가장 높은 천정고를 갖는 중정이다.

유리와 Titanium의 교묘한 조화가 돋보이는 Foyer와 Atrium 부분

이 책은 이미 많은 자료에서 다루어왔던 Guggenheim Museum Bilbao 외관에 대한 현란한 묘사나 예찬보다는, 이 건물이 갖는 시대 상황적 의미와, 완공을 위해 치밀하게 움직였던 참여자들, 그리고 난이도 높은 건축 과정에 얽힌 이야기를 자료와 사진을 활용해 소개할 것이다.

결코 알리고 싶지 않았을 저마다의 속사정, 화려한 겉모습에 가려져있던 참여자들의 노고, 그리고 난해한 곡면건축의 구축과정에 대한 심도 있는 건축적 설명은 Guggenheim Museum Bilbao을 좋아하는 사람들에게 흥미 있는 이야기 거리가 될 것이다.

함께 곁들이는 미술관의 내부와 그 주변 볼거리에 대한 안내 역시 친근한 여행가이드가 함께 걸으며 들려준 이야기처럼 실감날 것으로 기대한다.

또한 Guggenheim Museum Bilbao외에 우리의 눈을 즐겁게 해주는 의미 있는 곡면의 건축들을 부록의 개념으로 간략하게 소개하여 곡면건축의 계보가 한눈에 들어오도록 하였다.

이 책은 다음과 같은 4개 부분으로 크게 나누어 진행된다.

'제 1 부 Guggenheim Museum Bilbao의 주역들'
'제 2 부 혁신적 디자인과 그 실현'
'제 3 부 세기의 건축을 찾아서'
'제 4 부 곡면의 건축들'

'제 1 부 Guggenheim Museum Bilbao의 주역들'

- 제1장 Bilbao시의 무한도전
- 제2장 Solomon R. Guggenheim Foundation의 결정
- 제3장 Frank O. Gehry and Associations의 도약
- 제4장 IDOM과 IDOM의 역할

제 1부에서는 Guggenheim Museum Bilbao Project가 있게 한 3대 주역인 Bilbao 시, SRGF, FOG/A와, 이들을 도와 현장에서 Project를 진행했던 현지 건축사무소인 IDOM이돔에 대해서 다루어 볼 것이다. 이들의 이야기는 사실 건축이나 디자인적 측면보다는 공공Project를 진행하면서 벌어지는 정치적, 행정적 측면을 다룬 것으로 중요 사건을 각 참여업체의 입장에서 시간순으로 다시 한번 엮어본다. 각 참여업체 나름의 절박한 사연과 Project의 성공을 위한 진지한 접근, 그리고 우연처럼 찾아온 극적인 반전의 순간들을 알고나면 Guggenheim Museum Bilbao이 더 가깝게 느껴질 것이다.

'제 2 부 혁신적 디자인과 그 실현'

- 제1장 혁신적 디자인 프로세스
- 제2장 곡면건축과 구조
- 제3장 Limestone과 Titanium

제2부에서는 Guggenheim Museum Bilbao Project가 향후 건축 디자인이 나아갈 새로운 지표를 제시하는 21세기 대표 건축물이 될 수 있었던 실질적인 이유에 대해 살펴볼 것이다. 이 부분은 초기 컨셉 디자인 작업부터 건물이 완공되기까지 FOG/A를 주체로 한 협업과정에 대한 설명으로, 이른바 Guggenheim Museum Bilbao의 '핵심기술'을 담고 있다.

제1장에서는 기존 건축 디자인의 한계를 극복한 3D3차원 Freeform 디자인에 도전하는 Gehry식 디자인과 이를 실제 건물로 실현하기 위해 FOG/A가 도입한 혁신적 디자인 프로세스를, 제 2장에서는 난해한 곡면건축을 지지하고 있는 구조체의 특성과 FOG/A의 주도하에 진행되었던 실제 구축과정을, 그리고 제3장에서는 독특한 건물을 위해 선택된 예사롭지 않은 외장재인 Limestone라임스톤과 Titanium에 대해 다룰 것이다.

부드러운 곡면 Mass의 조합

'제 3 부 세기의 건축을 찾아서'

- 제1장 세기의 건축을 찾아서
- 제2장 The City of Bilbao

제3부에서는 건축물로서의 Guggenheim Museum Bilbao를 논의하면서 쉽게 간과하는 '미술관으로서의 Guggenheim Museum Bilbao' 와, Guggenheim Museum Bilbao의 이면에서 무심하게 지나치게 되는 '문화도시로서의 Bilbao' 에 대하여 살펴본다.

제1장은 시내 중심부에서 Guggenheim Museum Bilbao까지 이르는 여러 갈래의 길, 미술관 내,외부의 관점 포인트를 사진을 곁들여 함께 걷듯이 생생히 설명한다.

제2장에서는 Guggenheim Museum Bilbao과 함께 도시활성화 Project의 일환으로 재정비를 마친 Bilbao시의 문화시설, 대중교통수단, Spain의 생활문화에 대한 간략한 설명으로, 실제 방문을 계획하는 독자에게 도움이 되고자 한다.

'제 4 부 곡면의 건축들'

- 제1장 The Great Fish of Barcelona
- 제2장 EMP(Experience Music Project)
- 제3장 Sydney Opera House
- 제4장 Gaudí의 건물들

제4부는 Guggenheim Museum Bilbao 이전과 이후에 건축되어진 대표적 곡면건축들을 다룬다. 이 부분은 건축, 특히 곡면건축의 이해를 돕기 위한 일종의 부록으로, 좋은 건물을 단순히 디자인적, 기술적 측면에서만이 아니라 이를 수용하고 가능하게 한 시대적, 상황적 측면까지 복합적으로 바라보아야 하는 이유를 찾을 수 있을 것이다.

제 1, 2장에서는, Guggenheim Museum Bilbao 직전에 완성되어 FOG/A의 혁신적 프로세스의 기술적 기반이 되었던 The Great Fish of Barcelona

Project더 그레이트 피쉬 오브 바르셀로나 프로젝트와 Guggenheim Museum Bilbao 직후에 건설되어 보다 발전된 기술이 시도된 EMP이엠피: Experience Music Project익스피어리언스 뮤직 프로젝트를 대략적으로 다룸으로서 Gehry 곡면건축이 진화하는 과정을 단계별로 실감할 수 있도록 할 것이다.

제 3, 4장에서는, Guggenheim Museum Bilbao에 직접적 영감을 주었다는 선구적 곡면 건축이면서도 시기적, 기술적, 상황적 이유들로 인해 어려움을 겪어야만 했던 Denmark덴마크 출신 건축가 Jørn Utzon요른 웃존의 Sydney Opera House시드니 오페라 하우스와 Spain의 건축가 Antonio Gaudí안토니오 가우디의 곡면건축물을 간단히 살펴본다.

지난 한 세기에 거친 건축에 관한 시각과 기술의 발전, 그리고 이들 곡면건축이 한 도시와 문화뿐만 아니라 건축계에 미친 영향에 대해 생각할 수 있는 좋은 계기가 될 것으로 기대한다.

주1 Pritzker Prize: '건축디자인을 통한 인간성회복과 건축환경개선에 의미있는 기여를 했고, 능력과 비전, 그리고 책임감을 갖추었다고 판단되는 생존건축가에게 주어지는 상'으로 1979년 Jay Prizker제이 프리츠커 부부에 의해 만들어진 국제건축가상이다. 수상자에게는 Hyatt하얏트 재단이 미화 $10만의 상금과 함께 메달을 수여하는 건축계의 노벨상으로 불릴 만큼 명예로운 상이다. 역대 수상자로는 Jørn Utzon, Jean Nouvel쟝 누벨, Rem Koolhaas렘 쿨하스, Zaha Hadid자하 하디드, Tadao Ando타다오 안도 등 2009년까지 32명의 건축가가 있다. www.Prizkerprize.com

Nervion강변의 가로수 사이로 보이는 미술관

제 1 부
Guggenheim Museum Bilbao의 주역들

제1장 Bilbao시의 무한도전
제2장 Solomon R. Guggenheim Foundation의 결정
제3장 Frank O. Gehry and Associations의 도약
제4장 IDOM과 IDOM의 역할

1-1 Zubizuri의 야경 ©

Bilbao시의 무한도전

Spain의 북부 항구도시 Bilbao는 1970년대까지 100여 년간 Spain의 5대 도시이자, 세계 철강, 조선산업의 대표도시 중 하나로 번영하여 왔다. 하지만 1970년 후반 들어 세계적 경기불황의 여파와 함께 가격경쟁력을 갖춘 한국을 비롯한 아시아 신흥국가에 세계 철강, 조선사업의 주도권을 넘기게 되자 Bilbao시는 심각한 침체국면을 맞게 된다. 특히 1980년대 Bilbao의 가장 큰 조선소가 폐업하면서 급격한 실업률 증가와 대체산업의 부재로 경제난이 심각해지고, 설상가상 Basque바스크 주1-1 독립운동가들의 도심 내 시위까지 반복되면서 도시 전체는 경제적 어려움과 정치적 혼란을 겪게 되었다.

같은 시기, 역시 불황에 허덕이던 Spain 내 다른 경쟁도시인 Barcelona바르셀로나나 Serville세르빌, Madrid마드리드 등이 서둘러 올림픽이나 엑스포 같은 대규모 국책사업을 유치하며 불황극복을 위한 적극적 노력을 시작하자, Basque 자치구도 뒤늦게 낙후된 지역 경제를 활성화시킬 방안을 모색하고 지역 도시의 재건 프로그램을 추진하기 시작하였다.

1-2 Bilbao Ria 2000을 알리는 안내판 뒤로 보이는 미술관

1-3 Pedro Arrupe bridge의 야경

Bilbao시 역시 'Bilbao 700년'이 되는 2000년을 맞이하기 위해 'Revitalization Plan for Metropolitan Bilbao리바이탈라이제이션 플랜 포 메트로폴리탄 빌바오라는 도시 활성화 계획을 시작하였다. Revitalization Plan for Metropolitan Bilbao 사업은 문화와 관광사업의 활성을 통해 경쟁력 있는 'Bilbao as a global city' 빌바오 애즈 어 글로벌 씨티: 세계적 도시 빌바오를 목표로 추진되었다. 주1-2

이 외에도 1992년 Bilbao Ria 2000빌바오 리아 2000은 도심의 외곽에 해당하는 Nervion강변 Abandoibarra아반도이바라 인근 지역을 Bilbao의 신흥도심 지역으로 개발하는 일명 Abandoibarra Project를 진행하였고, 이 밖에도 지하철 노선의 연장 및 신설, 새로운 국제 공항의 건설, 다리 건설 등 도시 인프라 구축을 위한 사업도 함께 추진하였다. 그림1-1 ~9

하지만, 문화의 오지에 가까운 빈털터리 도시 Bilbao가 전체 도시를 대상으로 하는 대규모의 Project를 발표하자, 곧 사업의 적합성과 타당성에 대한 찬반의견이 대두되었다.

특히 100억 Peseta페세타(미화 약 $9,500만, 1992년 환율기준)가 예상되는 새 미술관 건립을 비롯하여 엄청난 비용부담에 반대 의견이 강하게 제기되었다.

논란 속에서 Bilbao 시가 재원 확보를 위해 마련한 방법은 Basque 특유의 대담함과 독립심을 보여주는데, Madrid, 즉 Spain 중앙정부에 지원을 요청하는 대신 자체적으로 재원을 마련하겠다는 것이었다. 결국 'Bilbao Metropoli-30빌바오 메트로폴리-30'이 주도하고 Basque 자치구 내 120 여 개의 지역단체가 참여하는 대대적 모금운동이 실시되고, 그 결과로 향후 전체 사업진행의 근간이 되는 200억 Peseta라는 엄청난 금액이 모금되었다.

1-4, 5 곡면글라스와 자연채광을 이용한 Bilbao 지하철 역사와 그 내부
By Norman Foster

1-6, 7 새를 형상화 한 Bilbao국제공항 By Santiago Calatrava

모든 사업의 대외 홍보를 위해 Bilbao 시는 그 대표사업으로 세계적 미술관을 건립하는 한편, 모든 Project에 세계적 도시, 건축설계 전문가를 초빙함으로써 사업의 인지도를 높이려 노력하였다. 이에 Frank O. Gehry를 비롯하여 영국 건축가 Sir Norman Foster써 노먼 포스터, Spain의 구조 건축가 Santiago Calatrava산티아고 칼라트라바, 미국의 Ceser Pelli씨저 펠리 등이 초청되었다. 이들 사업은 2000년대 들어 서울시가 추진한 청계천 재개발계획이나 DDP디디피:Dongdaemoon Design Plaza동대문 디자인 플라자, 광화문 광장 Project 등의 종합편 쯤으로 생각하면 그 목적이나 규모에 대한 이해를 도울 수 있을 것이다.

1-8, 9 Nervion강을 가로질러 도심에 이르는 Zubizuri
By Santiago Calatrava

결론적으로 볼 때 Guggenheim Museum Bilbao은 도시 활성화 사업을 대표하는 상징적 Project로서의 역할을 완수한 셈이라 할 수 있다.

중앙집중의 정치, 경제 체제에 길들여져 있는 우리의 정서로 보기에 이해하기 어려운 감동적인 사건일 수도 있지만, Basque 자치구의 이러한 독립적 운영방식은 오랫동안 지속되어 온 Spain의 독특한 역사에서 비롯된다.

Spain은 기원전부터 지속적으로 다양한 민족과 문화의 유입과 통합을 반복하며 형성된 나라로 매우 개방적이고 다원적인 문화를 특징으로 하며, 서로 다른 역사적 배경을 갖는 각 지역이 각자 독립적인 문화, 정치, 경제적 자치체제를 이룩해왔다. 그 결과로 현재 Spain은 17개의 자치구 Autonomous Community오토노무스 커뮤니티와 각 자치구를 구성하는 50개 주로 나누어져 있다. 이 중에서도 Bilbao 시가 속해있는 Basque 자치구는 특히 지역 전통언어인 Basque어Euskera에우스케라가 표준어Castilian카스틸리안와 함께 사용되고 있을 만큼 독자적 문화를 형성하고 있다. 심지어 이 지역은 최근까지도 Spain 중앙정부로부터의 분리독립을 주장하는 무장독립운동이 끊이지 않아 항상 치안문제가 중요한 이슈로 등장할 만큼 강력한 자치의지를 가지고 있다.

다행히 'Revitalization Plan for Metropolitan Bilbao' Project의 추진 과정에서는 Basque 자치구의 강한 민족의식이 긍정적으로 작용하였던 것으로 판단된다. 즉 사업진행 과정에서 빠른 의사결정과 자금확보를 가능하게 하는 역할을 함으로서 자칫 무모할 수도 있던 Bilbao 시의 도전이 성공할 수 있게 한 원동력이 되었던 것으로 평가 받는다.

주1-1 Basque (Spain 표준어로는 Vasco로 표기함.)

Basque 지방은 Spain 북부, Biscay비스카이 만에 면해있는 Biscay, Alava아라바, Guipuzcoa구이푸스코아 주를 포함하는 Spain 자치구 중 하나인 바스크 자치구(Autonomous community of Basque county오토노무스 커뮤니티 오브 바스크 카운티를 의미한다. 이 지역은 Iberia이베리아 반도에서 가장 오랜 역사를 가지지만 대부분의 기간 동안 외세의 지배를 받아왔다. 1930년대 Basque 분리주의 운동을 통해 Spain 중앙정부로부터 자치권을 획득하였으나, 1960년대 Franco프랑코 독재정권의 탄압을 받고, 이에 대항하는 망명정부를 수립하고 지속적으로 분리독립을 위한 무장투쟁을 전개해왔다. 1979년 다시 자치권을 인정받았으나, 급진적 Basque 분리주의 단체(ETA)의 주도 하에 Spain으로부터의 독립을 위한 투쟁이 아직도 간헐적으로 이어지고 있다. 전통적인 농업지역이며, 철강과 삼림자원개발로 19세기 중반 이래 크게 공업화하였다.

Bilbao 시는 Basque의 Biscay 주의 주도이며 Basque 지방의 가장 큰 도시 중 하나이다.

주1-2 Revitalization Plan for Metropolitan Bilbao

메트로폴리탄 빌바오 활성화 계획이란 Bilbao 시가 'Bilbao Metropoli-30' 라는 단체를 통해 추진한 도시 활성화 Project로, '문화와 관광사업' 을 통한 도시경쟁력 확립을 주 목적으로 다음의 8가지 세부목표를 제시하였다.

인적자원에 대한 투자(Investment in Human Resources), 서비스 중심의 대도시(Service Metropolis in a Modern Industrial Region), 환경 재생(Environmental Regeneration), 도시 재생(Urban Regeneration), 문화적 중심지(Cultural Centrality), 원활한 접근성과 이동성(Mobility and Accessibility), 공공과 민의 조화로운 관리(Coordinated Management by the Public Administration & Private Sector), 복지정책(Social Action)

1-10

Solomon R. Guggenheim Foundation의 결정

Bilbao시의 도시 활성화 사업 중 세계적 수준의 미술관 건립은 전체 사업을 상징하는 가장 대표적인 Project였다. 이를 위해 여러 방법을 모색하던 Basque 자치구와 Bilbao시에게 Solomon R. Guggenheim Foundation이 분관유치에 적합한 유럽 도시를 찾고 있다는 소식이 전해지게 된다.

SRGF는 1937년 미국 철강부자인 Solomon R. Guggenheim의 개인소장품 관리를 위해 설립되었다. 1959년 미국의 건축가 Frank Lloyd Wright프랭크 로이드 라이트가 설계한 Manhattan맨하튼에 위치한 본관, Guggenheim Museum New York 구겐하임 뮤지엄 뉴욕 역시 독특한 디자인으로 잘 알려져 있다. 그림1-11, 주1-3

방대한 양의 현대미술작품을 수집, 전시, 연구하여 전세계 미술계의 움직임을 선도하는 세계적 사립미술재단인 콧대 높은 SRGF가 문화적 오지에 가까운 Bilbao 시와 만남의 자리를 마련하게 된 것은, 당시 SRGF가 처해 있던 재정적 어려움이 그만큼 심각했기 때문이다.

1-11 Guggenheim Museum New York의 2008년 'The Art of Motorcycle'
Frank O. Gehry가 디자인한 나선형 램프 난간의 설치물이 특이하다. 주1-4 ⓒ

SRGF는 현대미술의 발전을 표방하며 유수의 현대미술 작품을 소장하고 있던 미술계의 거물급 단체였지만, Manhattan Soho소호 지역의 두 번째 미술관 건립과 Guggenheim Museum New York의 부속 건물 공사, 그리고 추가 소장품 구매 등 1980년대 말부터 몇 가지 사업을 동시에 진행하면서 급격한 재정적 어려움에 처하게 된 것이다.

1988년부터 SRGF를 이끌어 오던 Thomas Krens토마스 크렌스 관장은 재정 문제 해결을 위해 다양한 방향그림1-11, 주1-4으로 사업다각화를 시도하였는데, 자산의 95%에 해당하는 소장미술품과 이를 관리하는 미술관 시스템을 함께 유료로 대여할 수 있도록 세계 주요도시에 Guggenheim Museum의 분관을 유치하는 방안이 대표격이다. 'Global Guggenheim' 글로벌 구겐하임이라고도 불리는 이 계획은 문어발식 경영 혹은 예술품의 상품화라는 비판도 받았으나, 로열티 및 입장권 수입을 통해 재정적으로 SRGF의 고민을 속 시원하게 해결할 뿐만 아니라 SRGF의 이름을 세계적으로 알릴 수

1-12 Louise Bourgeois 의 조각품 Maman, 1999

있는 일석이조의 훌륭한 계획이었다. 특히 부족한 Guggenheim Museum New York의 전시공간 때문에 수장고에 장기간 보관되어있던 세계적 미술품들을 보다 적극적으로 전시할 수 있기 때문에 미술의 대중화를 표방하는 SRGF의 이념에도 걸맞은 멋진 계획이었다.

구체적으로 분관 유치를 위해 SRGF측은 해당 분관에 Guggenheim Museum의 이름을 대여하고 미술관 운영 및 관리의 기술을 전수하며, SRGF의 소장품으로 이루어진 순환전시를 년간 5, 6회의 지원할 것을 예상하였다.그림1-12~14 한편 분관을 유치하는 국가 혹은 도시는 Guggenheim Museum의 브랜드 사용 및 미술관 운영기술 전수에 대해 일정 금액의 로얄티를 SRGF에 지불하며, 분관으로 사용할 건물의 신축과 관계된 모든

1-13 Terrace에 위치한 Jeff Koons의 Tulip, 2006
1-14 Plaza에 위치한 Jeff Koons의 Puppy, 1992

재정적, 법률적 책임과 함께 향후 미술관 운영에 필요한 모든 비용 등을 부담할 것 등을 기본조건으로 계획하였다.

SRGF은 Paris파리나 Rome로마처럼 이미 이름이 알려진 유명 도시, 혹은 Guggenheim Museum과 비교될 만한 관광지가 없으며 분관유치에 대해 강한 정치적 의지와 경제적 능력을 가지 도시를 유럽 분관의 선택을 위한 나름의 내부기준으로 삼고 있었다. 현실적으로 Spain 북부의 작은 도시 Bilbao는 SRGF가 염두에 두고 있던 Guggenheim Museum의 유럽분관 후보도시 중 하나는 아니었지만, 이러한 기준으로 보게 되면 Bilbao 시는 SRGF의 요구사항을 만족시킬 수 있는 의외의 후보 도시였던 것이다.

마침내 1991년 2월, Madrid의 Guggenheim 순회전시에 참석한 SRGF의 Krens관장은 일부러 이곳을 찾아온 Basque 지역관계자와 짧은 만남을 갖게 된다. 당시 SRGF는 Vienna비엔나, Venice베니스, Moscow모스크바, Salzbrug짤스부르그 등을 후보도시로 선정하여 적극적으로 접촉하고 있었는데, Bilbao시의 미술관 건립 계획과 SRGF의 분관유치 계획을 모두 아는 Guggenheim Museum의 Spain계 Curator큐레이터인 Carmen Jimenz카르멘 히멘스와 Banco Bilbao Vizcaya방코 빌바오 비스카야:: Bilbao Basque 은행의 주선으로 양측의 만남이 성사된 것이다.

첫 만남에서 세계적 미술관 유치에 대한 Bilbao시의 의지를 알게 되었으나 그 재정상태에 대해 회의적이던 Krens 관장은, 2개월 후 Bilbao 시를 직접 방문하게 된다.

Bilbao시는 이들 일행을 레드 카펫과 전용 헬기를 동원하여 환영하고, Basque 자치구 대표와 만날 수 있도록 주선하였다. 이 방문으로 Krens는 Basque 지역의 문화적 열정과 Bilbao시의 도시 활성화 계획을 몸소 확인했으며, Basque 지역관계자들도 예상을 넘는 SRGF측 호의에 고무되었다. 이에 양측은 더 이상의 소모전 없이 실질적인 협의를 진행하기로 한다. 양측은 Basque 지역정부와 Bilbao시가 미화 $2,000만을 로열티, 즉 Guggenheim 브랜드 사용료로 지불하고 미술관 건물신축을 위한 부지를 제공하는 외에 미화 $1억을 추가로 투자하며, 이에 대해 SRGF는 Guggenheim 브랜드 사용권과 소장 미술품, 그리고 전문 Curator를 계약기간 동안(20년: 75년까지 연장 가능한 조건으로) 지원하는 1차 협의 내용에 합의했다. 이어 양측은 1991년 5월, 신축 미술관은 국제적으로 명성 있는 건축가의 공개 공모전을 통해 설계되어야 한다는 Guggenheim의 제안에 합의하였다.

그림1-15. Nervion강가 Euskalduna 조선소의 80년대

그림1-16. 1992년 방치된 Guggenheim Muse-um Bilbao부지와 인접한 Abandoibarra 지역의 전경

그림1-17. 같은 지역의 2005년 모습

1–18 Guggenheim Museum Bilbao의 2008년 모습

2주 후, Krens 관장은 신축 미술관 부지 선택을 위해 Consultant컨설턴트 자격의 Gehry를 대동하고 Bilbao를 찾게 된다. 두 사람은 Bilbao시에서 대상지로 제시한 구 시가지의 와인공장 부지Alhondiga아론디가 대신 역사적 의미도 있으면서 Sydney Opera House만큼 강력한 인상의 Nervion강 서쪽 36,000m² 규모 제방지를 제안하여 최종 부지로 결정한다.그림1-15~17

Bilbao 시는 이렇게 미리 짜인 각본처럼 일사천리로 Guggenheim Museum의 유럽 분관 유치도시로 최종 선정되었다.

의외일 수도 있던 이 결정은 사실 SRGF에게 닥친 절박한 재정적 압박과 새로운 도약을 꿈꾸던 Bilbao 시의 과감한 추진력이 만나 만들어진 상생을 위한 도전의 결과물이었다.

주1-3 Guggenheim Museum New York:

1943년 미국의 건축가 Frank Lloyd Wright에 설계에 따라 1959년 완공된 미술관으로 New York Manhattan의 중심부인 5번가에 위치하고 있다. Solomon R. Guggenheim이 소장하고 있던 20세기 비구상, 추상계 미술품과 Picasso피카소의 초기 작품, 그리고 다수의 Kandinsky칸딘스키 작품 등을 소장하고 있으며, MOMA모마:Museum of Modern Art뮤지엄 오브 모던 아트, Metropolitan Museum메트로폴리탄 뮤지엄과 함께 New York의 3대 미술관 중 하나이다.

건축가인 Wright는 주변에 위치한 Central Park센트럴 파크의 자연와 메소포타미아의 고대신전인 Ziggurat지구라트에서 영감을 얻어 당시로서는 획기적인 원통형의 건물을 설계하였다. 이 건물은 상부보다 하부가 좁은 나선 모양의 원통형 외관을 가지고 있으며, 중앙의 Void보이드를 둥글게 감싸 오르며 건물 전체를 관통하는 나선형의 램프과 램프의 경사면을 따라 만들어진 전시공간을 특징으로 한다. 램프와 이어진 각 층에도 추가 전시공간이 존재하지만, 1959년 개관 당시 램프의 경사진 바닥면과 곡면인 벽면에 자신의 작품을 전시할 수 없다는 일부 미술가들의 항의성 성명이 있었을 만큼 디자인이 논란의 대상이 되기도 했다. 기존의 사각형 건물에서 탈피하여 주변과 어울릴 만한 현대적 건물을 추구했던 Wright의 디자인은 40 여 년 후 Gehry의 Guggenheim Museum Bilbao의 디자인에 영감을 되었을 만큼 파격적이었다. 이 건물은 1992년과 2001년에 전시공간 및 수장공간을 추가하기 위해 건물 뒤편 Tower타워와 부속 교육센터인 Sackler Center새클러 센터를 증축하였는데, 사실 이 공간들은 Wright의 초기 설계안에는 있었지만 예산문제로 제외되었던 부분을 재현한 것이라고 할 수 있다. 2008년 3년에 거친 외관개선 공사를 통해 새 단장하였으며, National Historic Landmark내셔널 히스토릭 랜드마크로 등재되었다. Guggenheim Museum은 New York 본관 외에 Venice, Bilbao, Berlin베르린에 유럽 분관이 있으며, Abu Dhabi아부 다비 분관이 계획 중이다.

주1-4 Guggenheim Museum의 Krens관장이 주장하던 사업다각화의 대표적인 예로 Guggenheim Museum New York에서 열린 The Art of Motorcycle Show디 아트 오프 모터사이클 쇼를 들 수 있다. 이 전시는 1998년 당시 Kres관장에 의해 기획 전시된 이른바 '오토바이 디자인 변천사' 전으로 디자인사 적으로 의미있는 오토바이 114대를 엄선하여 연대별, 종류별로 전시하였다. 일반인이 이해하기 어려운 미술품 대신 일상 속에서 접할 수 있는 사물을 통해 디자인의 변천사를 살펴볼 수 있는 재미난 기획으로 Guggenheim Museum New York 전시만 관람객수 30만 명 이상의 최고기록을 세울 만큼 놀라운 인기를 누렸다. 실제로 평소 미술관과는 가깝지 않던, 문신과 가죽 자켓에 쇠사슬을 차고 부츠를 신은 오토바이족들이 미술관 입장을 위해 길게 줄 선 모습은 무척 인상적이었다.
이 전시는 특히 2007년 Guggenheim Museum Bilbao의 개관을 무사히 마친 Frank O Gehry가 전체 전시물 설치를 책임진 것으로도 유명하다. 그림1-11

Frank O. Gehry and Associations의 도약

1991년 6월 3명의 세계적 건축가, 일본의 Arata Isozaki & Associates아라타 이소자키 어소시에이츠, Austria오스트리아의 Coop Himmelblau쿱 힘멜블라우, 그리고 미국 LA의 Frank O. Gehry & Associates가 Bilbao 신축 미술관의 설계 공모전에 참가할 수 있는 영광의 지명권을 받았다.

SRGF는 지명된 건축가에게 '미술관의 기능에 충실하며, 인접한 El Puente de la Salve엘 뿌엔테 드 라 살베:La Salve 다리와 조화를 이룰 수 있는 건물'을 설계 지침으로 제시하고 3주 후 기획 설계안 제출을 요구하였다.그림1-16,19

지명 건축가들에게는 향후 Bilbao 시의 대표 건물이 될 수 있을 만큼 차별화되고 독창적이며, Wright의 Guggenheim Museum New York에 비견할 수 있을 만큼 뛰어난 디자인이 비공식적으로 요구되었다고 한다.

1-19 붉은 색으로 새 단장 한 El Puente de la Salve 위에서 본 선박보양의 미술관

또한 3주라는 짧은 설계기간을 감안하여 제출물의 겉모양보다는 설계안 자체의 내용과 아이디어에 치중할 것을 권고하였다.

1991년 7월 Isozaki는 4층 규모의 타원 형태의 건물을 담은 10장의 스케치를, Himmelblau는 내부에서 빛을 발하는 반투명 박스모양의 건물 모형을, 그리고 Gehry는 독특한 Gehry식 스케치와 특유의 모형을 제출하였다. 결과물을 볼 때 기존 시가지의 건물들과 적절한 대조를 이루는 Freeform의 Gehry 설계 안은 나머지 제출물에 비해 확실히 두드러져 보였을 것이다.그림1-20, 21

이 공모전은 정해진 모든 절차를 제대로 밟아 진행되었으며, Gehry의 조각 같은 디자인이 가지는 창의성과 차별화된 디자인은 그 힘과 비전 면에서 Bilbao 시의 아이콘 역할을 수행하기 충분할 만큼 뛰어났다.

1-20 Gehry의 스케치 일부가 들어있는 컵받침 기념품

1-21 1997년 개관을 기념하여 New York Guggenheim Museum에 전시되었던Guggenheim Museum Bilbao 모형.

하지만 여러 가지 정황으로 보아 Gehry의 당선은 사전에 내정되어있던 것으로 보인다.

앞에서도 언급되었듯이, Gehry와 Krens 관장은 이미 친분이 두터운 사이였을 뿐 아니라 공모전 이전에 Bilbao를 함께 방문해 부지선정에 대한 의견을 나누는 등 Gehry는 이미 미술관 설계에 깊이 개입하고 있었다. 특히 Gehry의 에피소드를 다룬 책, 'Gehry Talk' 게리 토크를 인용하자면, Krens 관장은 Gehry에게 'Do something else. Take it on. Make it better than Wright. Make a great space, and we'll deal with it. And then let's review it. 뭔가 새로운 것을 만들어봐. Wright가 한 것 보다 나은 디자인, 멋진 공간을 만들어 보라구. 그리고 같이 검토 하자구.라고 말해 Gehry에게 과감한 디자인을 요구하고, 이변이 없는 한 Gehry의 작품이 선정되도록 협조할 의향을 비추고 있다.

그러나 단 3장인 지명권을 받아 영예롭게 공모전에 참여한 Gehry의 FOG/A의 당시 사정이 겉보기처럼 여유롭진 않았다.

FOG/A는 바로 전에 있던 3번의 중요한 공모전(La Sagrera라 사그레라, the Thames Bridge테임즈 브리지, Saint Pancras Station세인트 판크라스 스테이션 설계 공모전)에서 모두 고배를 마셨으며, FOG/A이 디자인한 건물이 과연 건설 가능한가buildable빌더블라는 원론적 비판에 시달리고 있었다.

실제로 1987년 당선되었던 LA Walt Disney Concert HallLA 월트 디즈니 콘서트 홀 Project는 예산초과 문제와 기술적 문제로 시작도 못하고 멈춰 있었다. 이에 대해 Disney측 관계자는 'Gehry does not know how to build it' Gehry는 이 건물을 어떻게 지어야 할지 조차 모르고 있다.며 그의 디자인에 불평을 늘어놓던 차였다. **그림 1-22~26, 주1-5**

1-22 돛단배 형상의 LA Disney Concert Hall

1-23, 금속 외장재의 LA Disney Concert Hall

1-24 콘서트 홀에서 바라본 LA시내

1-25, 26 LA Disney Concert Hall 내부, 나무를 형상화 한 기둥의 모습

1-27 Titanium과 Limestone이 만나는 주출입구와 중정이 유리로 마감되어 있다.

이 같은 여러 불편한 상황에서 마감을 며칠 앞두고 다시 Bilbao를 방문한 Gehry는, 혼자 인근 호텔에 머물며 부지를 스케치하는 등 디자인에 몰입하였다. 이 방문에서 그는 강변 지역에 아직 남아있는 산업도시의 옛 자취 그림1-15, 16에 주목하고 이를 디자인에 적극 도입하기로 결정한다. 아마도 강변의 방치된 선박건조와 야적장에서 Bilbao 시의 '과거와 미래'를 동시에 떠올렸을 것이다.

미국으로 돌아온 Gehry는 공모전에 제출할 디자인을 확정하고 이를 위한 모형을 제작하였다. 이 모형은 직각이나 평평한 면이라곤 찾아볼 수 없는 독특한 곡선으로 이루어진 특이한 형상의 건물이었다. 이 모형에서 은색칠이 되어있는 곡면 부분은 나중에 금속최종적으로는 Titanium으로 마감되었고, 블록 형태의 목재덩어리 부분Basswood바스우드은 Spanish스페니쉬 Limestone으로 마감하기로 결정되었다.

설계 제안서에 의하면 Gehry의 건물은 선착장의 잔재가 남아있는 부지 특징과 도시 역사를 은유적으로 표현했으며, 버려져 있던 강변지역을 기존 도심부와 연결하는 구심점 역할을 수행할 수 있도록 계획되었다. 또한 하나의 건물이 여러 개의 Mass로 해체Fragmentation프레그멘테이션된 후 중앙에서 하나로 재구성됨으로서 희망적 미래를 상징하였다. 이러한 해체적 시도는 건물 외형뿐 아니라 내부 동선에도 반영되어, 여러 개의 전시공간으로 나뉘어진 복잡한 동선이 결국 중앙의 Main Atrium메인 에이트리움:주 중정에서 모두 모이도록 유도되어있다.

한편 Frank Lloyd Wright의 Guggenheim Museum New York과의 연계성을 위해 특별히 3개 층 높이로 Void를 갖는 중정과 이를 둘러싼 전시공간을 설계했으며, 그 밖에 El Puente de la Salve 아래까지 이어지는 기다란 모양의 특별전시관을 특징적 디자인 요소로 소개하였다. 미술관 동쪽에는 El Puente de la Salve를 건물의 일부로 포함시키는 중요한 매개체로 Tower를 배치하여 자칫 밋밋할 수 있는 건물의 동쪽 부분을 마무리 하였다.

1991년 7월 19일 Basque관계자와 SRGF의 Krens관장을 포함한 심사단은 FOG/A의 설계안을 Guggenheim Museum Bilbao의 최종안으로 발표하였다. 세기의 건축물이라는 Guggenheim Museum Bilbao의 6여 년에 거친 대장정이 비로소 시작된 것이다.

주1-5 LA Disney Concert Hall:

LA Disney Concert Hall은 1987년 설계안을 결정한 이후 16년 만인 2003년 완공되었다. 그 주된 이유는 지진이 자주 발생하는 LA지역 특성상 Limestone 외피를 사용하는 설계 원안이 적합하지 않다는 의견 때문이었는데, Gehry는 결국 Guggenheim Bilbao Museum의 성공적인 완공 이후에야 전체적인 디자인 수정 없이 Limestone보다 가벼운 Stainless Steel스테인리스 스틸판으로 외피재를 대부분 변경하는 방법으로 건물을 완성할 수 있었다.

그림1-22~26의 사진들은 2005년 방문하여 촬영한 것으로 Titanium 대신 Stainless Steel과 Limestone이 사용되었으며 Gehry 특유의 과감한 곡선이 독특한 느낌을 준다.

1-28 곡면의 중첩으로 마치 타오르는 불꽃 같은 모양의 Terrace의 전경
두 번째 방문인 2008년에 촬영한 것으로 Terrace에 조각품 Tulip이 설치되어있다.

IDOM과 IDOM의 역할

1991년 12월, Basque 자치구를 대변하여 Guggenheim Museum Bilbao 건립을 총괄하기 위해 결성된 단체인 CMGConsorcia Museo Guggenheim 콘소르시아 뮤세오 구겐하임 가 Gehry의 디자인에 기초한 전체 사업의 타당성 검사를 완료하자, CMG와 SRGF는 최종 계약서에 사인한다. 최종 계약서 상 사업의 주체는 CMG, Project Consultant SRGF, 그리고 건축가는 FOG/A였다.

이어 CMG는 FOG/A의 지휘 하에서 실제로 실시설계 및 시공을 이끌어갈 현지 건축가Executive Architect이그제큐티브 아키텍트 및 시공사 선정 작업에 착수하였다. 여기서 현지 건축가란 외국 건축가에 의해 디자인된 건물을 건축할 때 파트너 관계로 협업하는 자국의 건축가로, 외국 건축 사무소의 디자인을 자국 사정에 적합하게 도면화하는 실시설계 작업과 건축에 필요한 자국 내 각종 허가업무를 처리할 수 있도록 건축사 자격증을 소지한 건축 사무소를 말한다. Guggenheim Museum Bilbao Project의 경우에는 특별히 Basque 자치구에서 실시설계 작업뿐만 아니라 시공 관리 및 기타 업무관리를 포함한 PMProject Management프로젝트 매니지먼트; Project 관리업무까지 한 곳의 현지 업체에서 총괄하여 진행 할 것을 원하였다. 그림1-29

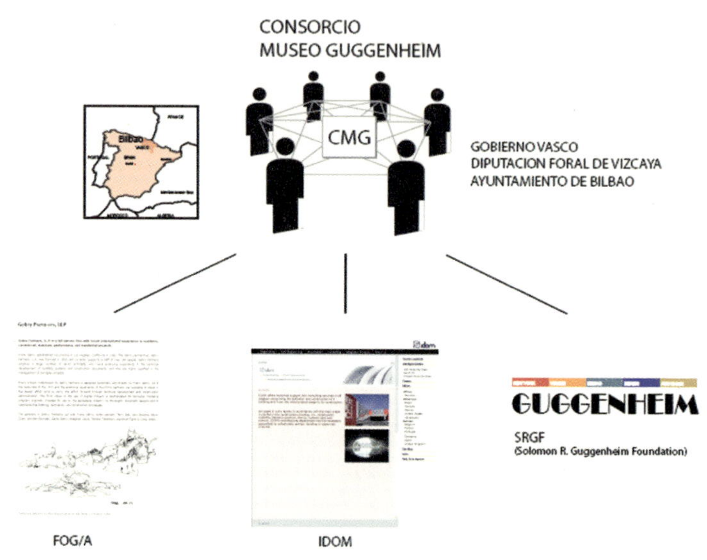

1-29 Guggenheim Museum Bilbao Project의 조직도

이에 CMG는 Bilbao 시의 크고 작은 건축사무소와 엔지니어링 회사를 수배하여 업체 선정작업에 착수하였다. 하지만 작은 도시인 Bilbao에서 사업 주체인 CMG, 세계적 명성의 SRGF와 긴밀한 관계를 유지하며, FOG/A의 복잡한 디자인을 도면화하는 동시에, 시공관련 관리업무를 진행할 수 있는 규모와 능력이 되는 건축 사무소를 찾는다는 것이 쉽지 않았다. 따라서 CMG는 일반 건축사무소보다는 규모가 크고, 이미 큰 Project를 수행한 경험이 있는 SERVEM세르벰과 IDOM이라는 건설 업체 두 곳을 지명하였다.

결국 회사의 규모에서는 SERVEM에 뒤지지만 지명도 있는 건축가 Cesar Caicoya세자르 카이코아를 합류시킨 IDOM이 FOG/A의 인터뷰와 자료 요구사항을 만족시킴으로써 현지 건축사무소로 선정되었다.

이렇게 하여 CMG, SRGF, FOG/A와 함께 Project의 주 참여자 자격을 갖게 된 IDOM은 이들과 하나의 팀처럼 협력하게 되었다. 물론 이들 각각의 임무와 추구하는 바는 서로 달랐지만 Project의 성공적인 완공을 위해 서로 긴밀한 관계를 유지하였다.주1-6

사실 IDOM에게 현지 건축사무소로의 선정은 무척 영광스러운 일이었을 테지만, IDOM 직원들조차 상당히 회의적이었을 만큼 FOG/A의 디자인은 난해하고 복잡하였다. 하지만 IDOM은 Guggenheim Museum Bilbao Project의 규모나 의미가 앞으로의 회사 운명을 좌우할 만큼 크다는 믿음에서 회사의 사활을 걸고 의욕적으로 작업에 참여하였다. 여기서 '서울에 이 정도의 Project가 계획된다면'이라는 가정을 해 보면, 세계적인 Project의 후광 효과를 노린 관련 업체 간의 높은 경쟁이 예상되는 만큼 당시 IDOM의 의욕과 각오가 얼마나 대단했을지는 가히 짐작할 만 하다. 무명의 IDOM은 이렇게 Guggenheim Museum Bilbao Project의 주요 참여자가 되었다.

실제로 IDOM이 맡은 업무는 현지에서 해결해야 하는 거의 모든 공정을 포함한다. 통상적인 실시설계 업무, 즉 FOG/A의 디자인을 Spain 현지의 규격에 맞추어 도면화하는 작업그림1-30, 31 외에 시공업체와 자재업체의 선정과 입찰과정, 자재수급뿐만 아니라 실제 시공업무의 관리, 예산 산정 및 전체적인 공정관리에 이르는 PM업무까지 수행하기 때문이다. 특히 FOG/A를 대신하여 공사와 연관된 거의 모든 법률적 책임을 지는 것도 IDOM의 임무 중 하나였는데, 이로 인한 막중한 부담에 반하여 디자인에 대해서는 FOG/A가 80% 이상의 결정권을 갖기 때문에 계약 내용 자체가 일방적으로 FOG/A에 유리했다고 생각할 수 있다.

계약이 성사되자 바로 IDOM은 공사관련 허가업무를 시작으로 FOG/A 와의 긴밀한 협업을 시작하였다.

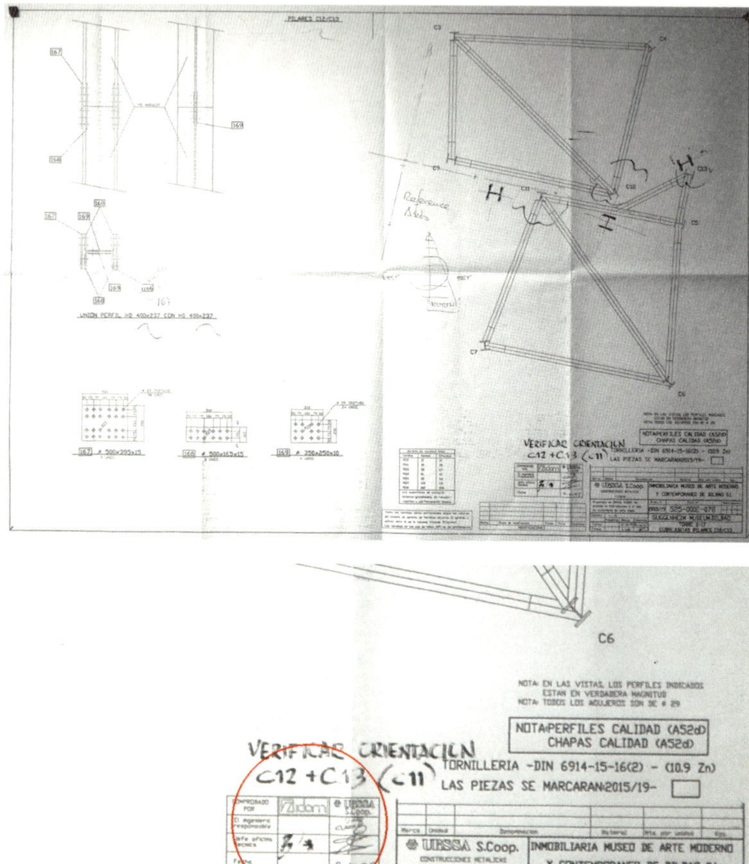

1-30,31 논문 작성 중인 1997년 IDOM측에서 제공한 IDOM 도면의 일부 (Tower 부분)

이 두 업체는 2D 도면으로는 설명하기 어려운 Gehry 특유의 복잡하고 난해한 디자인을 성공적으로 완성하기 위해, LA와 Bilbao라는 지리적 거리를 넘어서 매우 활발하고 적극적으로 협력체제를 이룩하였다. 물론 두 업체의 담당자들은 LA 혹은 Bilbao에서 자주 회의를 가졌지만, 무엇보다도 해결해야 할 문제는 지리적 거리를 극복할 수 있는 상호의사소통의 방법이었다.

우선 IDOM은 FOG/A의 제안대로 FOG/A에서 설계에 이용한 CATIA카티아, 주1-7라는 프로그램을 함께 사용함으로써 설계 상의 언어라 할 수 있는 컴퓨터 프로그램을 통일하였다. 또한 인터넷을 통신수단으로 디자인 관련 데이터를 주고 받으며 모든 업무를 실시간 상의하는 체제를 구축하였다. CATIA는 두 업체 외의 모든 관련업체에도 사용하도록 권장되었는데 보다 구체적인 활용에 대한 이야기는 다음에서 다루게 될 것이다.

앞서도 언급되었지만 두 업체는 서로의 역할과 입장에 대해도 매우 우호적이었다. 가령 디자인 변경사항이 있을 경우 IDOM이 주도하여 실시간으로 재 비용을 산정, 평가하는 '실시간 비용감시모델' Real-time Cost Control Model리얼타임 코스트 컨트롤 모델을 사용하였다. 이는 예산에 대한 법적 책임을 지는 IDOM에 대한 FOG/A측의 배려로 이루어졌는데, 궁극적인 비용절감의 효과가 있었던 것으로 평가된다. 한편 디자인에 대한 권한이 거의 없지만 법적 책임을 지는 IDOM은 현지 사정상 혹은 시공상 문제가 드러나는 사안이 있을 경우 FOG/A측에 수정 요구하였고, FOG/A는 빠른 시간 안에 이를 검토하고 긍정적으로 디자인에 반영하였다. 이렇듯 두 업체 사이의 협업은 기존의 우려를 극복하고 법률적 책임관계를 넘어서 Project의 효율적인 진행을 위해 체계적으로 이루어졌다. Gehry 역시 CMG와 IDOM 직원들을 'My Basque Family마이 바스크 패밀리 라며 소중하게 생각했다.

주1-6 이를 빗대어 Gehry는 공정과 비용 문제를 모든 것의 우선으로 삼는 CMG의 책임자 Juan Ignacio Vidarte후안 이그나시오 비다르테를 'the wall' 더 월: 벽창호, Gehry의 디자인을 전폭적으로 지지하며 추진력 있게 밀어붙이는 SRGF의 Krens관장을 'the courage' 더 커리지: 배짱라 칭하며 그들만의 삼각관계를 효율적으로 유지하였다고 한다.

주1-7 CATIA:

CATIA는 Computer Aided Three dimensional Interactive Application 컴퓨터 에이디드 쓰리 디멘셔널 인터액티브 어블리케이션:컴퓨터 기반의 3D 상호작용 도구의 약자로 프랑스 Dassault다쏘사에서 컴퓨터 프로그램으로 주로 항공기, 자동차, 선박 등의 디자인/제작을 위해 1980년대 초반 개발된 IBM호환 소프트웨어이다.

CATIA는 NURBS널브스: Non Uniform Rational B-Spline논 유니폼 레이셔널 비-스플라인 기반의 3D 모델링으로, 보다 정확하게 곡선과 곡면을 표현할 수 있다. 특히 CATIA는 모델링 기능뿐 아니라 CAM컴퓨터 기반의 제작과 CAE컴퓨터 기반의 엔지니어링작업까지도 함께 지원할 수 있도록 개발되어 Boeing보잉사를 비롯하여 거의 모든 자동차 회사(BMW비엠더블 유, Porche포르쉐, Hyundai현대, Toyota토요타 등)에서도 CATIA를 사용하고 있다.

사실 FOG/A는 이웃한 항공기 디자인업체가 폐업하며 싸게 넘긴 CATIA를 우연하게 입수한 것이라고 하는데, Gehry의 사용으로 더욱 유명해진 CATIA는 CATIA V5기반의 건축전용 프로그램 Digital Project디지털 프로젝트를 출시하였다.

제 2 부
혁신적 디자인과 그 실현

제1장 혁신적 디자인 프로세스

제2장 곡면건축과 구조

제3장 Limestone과 Titanium

2-1 내부 동선이 모이는 중앙의 Atrium이 Titanium 덩어리들 위로 솟아 보인다.

혁신적 디자인 프로세스

Guggenheim Museum Bilbao Project를 시작하기 불과 몇 년 전인 1980년대 말 까지만 해도 FOG/A는 문서작업과 회계업무 외에는 컴퓨터를 거의 사용하지 않는 소위 '아날로그' 식 설계를 진행하고 있었다. Gehry만의 독특한 스케치와 실물 모델을 이용한 초기 디자인, 그리고 이를 반영한 2D 도면이 그의 디자인을 설명하고 현실화시키는 유일한 수단이었던 것이다. 당시 Gehry의 디자인을 현실로 옮기는데 있어 가장 큰 걸림돌은 Gehry가 디자인한 복잡한 3D 모델을 2D의 도면으로 만드는 작업이었다. FOG/A 직원들은 Gehry의 스케치에 기초하여 종이, 나무, 찰흙 등으로 실물 모델을 제작하고, 디자인이 확정되면 실물 모델을 일일이 자로 재서 여러 층의 2D 도면을 만들었다.

물론 이런 작업은 엄청난 시간과 노력을 필요로 했는데, 더 큰 문제는 이렇게 만들어진 수많은 2D 도면이 원본 격인 Gehry의 디자인을 정확하게 표현하지 못할 뿐 아니라 심지어 실제보다 훨씬 더 복잡한 것처럼 보이게 한다는 것이었다. 이 여파는 실제 제작 과정에서 종종 예측 불가능한 문제점

으로 이어져 비용 증대나 공기 연장을 야기하거나 의뢰인과의 크고 작은 불화의 원인이 되곤 했다.

건축설계의 과정에서 설계자가 자신의 디자인을 설명하는 방법, 혹은 설계자와 의뢰인, 시공업체 간 의사소통의 문제는 건물의 구축가능 여부와 연관된 민감한 사안으로, 비단 FOG/A에 국한된 문제는 아니었다. 흔히 새로운 디자인이 시도된 건축설계의 경우 이와 비슷한 문제에 부딪치는 경

2-2 아름다운 곡선을 자랑하는 Sydney의 아이콘, Sydney Opera House

우가 많은데, 그 대표적인 예로 Sydney Opera House를 들 수 있다.그림2-2 Sydney Opera House의 설계자 Jørn Utzon이 의뢰인과의 불화 끝에 건물이 완공되기 전 불명예스럽게 경질되었다는 사실은 잘 알려져 있는데, 그 주된 이유로 자신이 디자인한 건물의 곡면을 정확하게 정의하지 못함으로 야기된 설계 변경과 예산 초과 및 공기 연장의 문제를 들 수 있다. (이에 대해서는 제4부에서 보다 자세히 설명될 것이다.)

이와 비교해 보면 Gehry는 이미 여러 번 선구적 디자인의 건물을 성공적으로 완공했던 경험을 가진 능력있는 건축가였지만, 한편으로 1987년 당선된 LA Walt Disney Concert Hall 설계안의 예산과 기술적 문제에 대해 적절한 해답을 제시하지 못해 공사가 중단된 형편이기도 했다.(제 1부에서도 잠시 언급되었듯이1987년 당선된 Gehry의 디자인은 여러 차례 수정을 거쳐 16년이 지난 2003년에야 완공되었다.) 그림2-3, 주1-5, 그림1-22~26

2-3 Gehry의 Disney Concert Hall 공모 당선안 모델. Limestone으로 외부를 마감하였다.

1990년 FOG/A는 향후 FOG/A의 성공에 결정적 계기를 제공하는 거대한 조형물의 설계와 제작을 의뢰받게 된다. 1992년 Olympic올림픽개최도시인 Barcelona 시는 해안가에 새로 조성되는 Olympic선수촌의 랜드마크로 'The Great Fish of Barcelona'라는 거대한 물고기 모양의 조형물을 Gehry에게 의뢰 한 것이다.그림2-4

대부분의 Project가 그렇지만 극히 제한된 예산과 빠듯한 공기 하에서 이 Project를 지휘하게 된 FOG/A의 2인자 James Glymph제임스 글림프는, 곡면으로만 이루어진 거대한 물고기 모양의 Gehry 디자인을 실제로 제조하기 위해서는 이를 정확하게 도면화 할 수 있는 기존과는 차별화된 선진적인 기술이 절실하다고 판단한다.

이에 FOG/A는 수작업으로 이루어지던 과정의 일부를 컴퓨터로 대체하면 보다 정확한 도면을 얻을 것으로 기대하고, 당시 건축 컴퓨터 분야의 선구자격인 William Mitchel윌리엄 미첼교수가 재직 중이던 Harvard Design School하버드 디자인 스쿨: 이후 GSD 지에스디로 표기에 Digital디지털 모델링 작업을 의뢰하게 된다. GSD는 당시 가장 뛰어난 그래픽 프로그램인 Alias에일리아스를 이용하여 Digital 모델링을 완성하지만, 이 데이터는 실제 조형물 제작에 이용되기에 적합하지 않다는 결론에 도달한다. (제4부에서 보다 자세히 설명될 것이다.) GSD에서의 실패를 통해 Glymph는 FOG/A의 설계 업무에는 그래픽 프로그램보다는3D 모델링 기능을 가진 프로그램이 적합하다는 것을 알게 되고, 아주 우연한 기회에 입수한CATIA 주1-7 라는 프로그램을 활용하여 원하는 Digital 도면을 얻게 된다. CATIA는 곧 이어진 Guggenhiem Museum Bilbao에도 적극 활용된다.

2-4 Barcelona의 The Great Fish of Barcelona Project

그렇다면 까다로운 FOG/A가 선택한 CATIA라는 프로그램은 도대체 어떤 면에서 기존 설계용 소프트웨어와 차별화되는 것일까?

우선 CATIA가 대부분의 건축분야 프로그램들에는 없는 발전된 방식으로 만들어진 곡선을 채택함으로써 보다 자유로운 디자인이 가능했다는 점을 장점으로 들 수 있다.

당시 대부분의 그래픽이나 건축관련 프로그램들은 곡선의 모든 점을 일일이 정의하여 컴퓨터 화면에 표시할 수 없기 때문에 곡선 위의 일부 점만을 지정하고, 직선을 이용하여 이들을 연결함으로써 화면 상 곡선(이나 곡면)으로 보이게 하는 방식을 사용하고 있었다.

하지만, CATIA를 비롯한 공학용 프로그램이나 통합화된 CAD/CAE/CAM캐드/씨에이이/캠, 주2-1 프로그램은 보다 발전되고 정교한 수식 주2-2을 사용한 Bezier Curve 비지에 커브, 그림2-12나 NURBS 그림2-13등의 곡선을 적용한 자유로운 곡선(이나 곡면)을 표현할 수 있었다. 곡선을 즐겨 사용하는 Gehry 디자인을 정확하게 표현할 수 있다는 사실은 FOG/A에게 가장 큰 매력이었음에 틀림없다.

한편 대부분의 건축설계 분야의 프로그램이 2D 상의 도면을 기준으로 3D 모델링 기능을 추가적으로 일부 지원하는 것과 달리, CATIA가 처음부터 3D 모델링 자체를 목적으로 개발된 프로그램이라는 점을 또 하나의 특징으로 들 수 있다.그림2-5~8 CATIA는 3D을 지원하는 XYZ의 공간에 3D의 기본 도형을 놓고 그 특성을 변형시키거나 요소를 가감하는 방식으로 모델링 하도록 구성되어있다. 이는 기본구성이나 사용자 환경User Inferface유저 인터페이스 자체에서 타 프로그램과 큰 차이를 나타낼 뿐만 아니라, 당시 건축설계용 프로그램들에는 없던 요소간 위계개념인 Parent-Child Relationship페어런트-차일드 릴레이션쉽 개념, 선이나 면 대신 Object오브젝트: 물체를 기반으로 하는 Feature Based Modeling피처 베이스드 모델링, 좌표 대신 도형의 치수가 기준이 되는 Dimensionally Driven디멘져널리 드리븐 방식, 요소 간의 절대관계에 관한 Constraints콘스트레인츠 등의 기능을 포함하고 있었다.

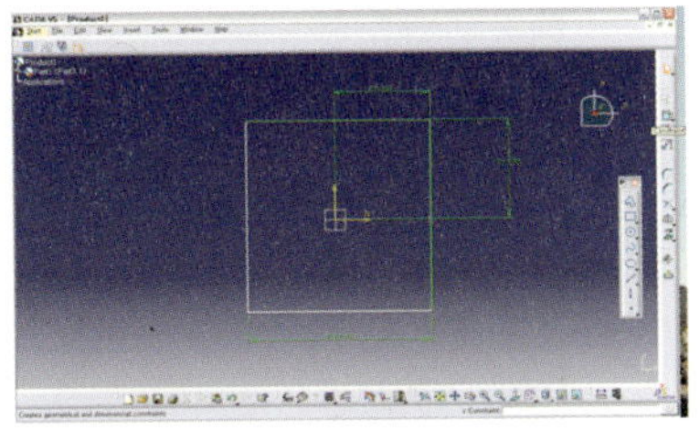

2-5 CATIA의 Part 디자인의 초기 화면.
화면중앙에 보이는 도형은 이 화면이 XY, YZ, ZX이 조합된 3D 화면임을 나타낸다.

2-6 위의 초기 화면에서 2D의 XY평면 화면으로 전환하여 사각형을 스케치한 화면.
Dimension과 Constraints를 사용하여 도형이 표현되어있다.

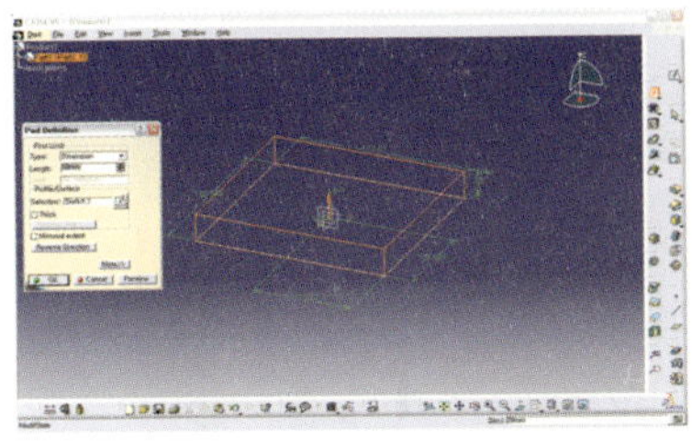
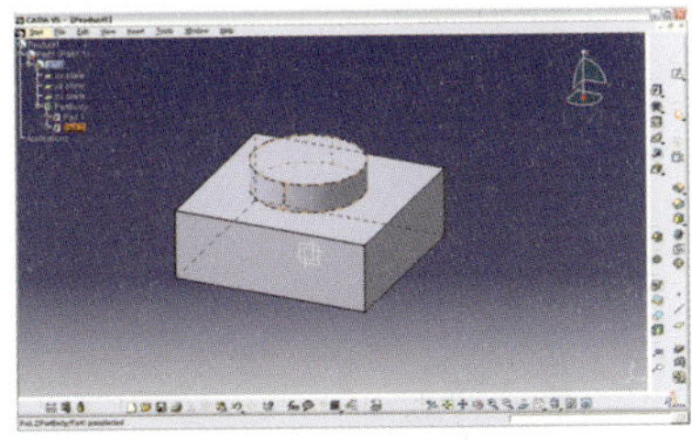

2-7 다시 초기 화면(Part1)으로 전환 후 Pad 명령어로
사각형을 3D Volume화 하였다(Pad1)

2-8 3D 입체(Pad1)의 한 면을 선택하여 원하는 형태로
부속 3D 도형(Pad2)을 만들어 놓은 화면.
이 두 도형은 종속관계인 Parent-Child Relation으로 설정되어있다.

이에 대해 자세히 설명하는 것은 자칫 이 책의 범위를 넘을 수 있으므로 그 장점만 포괄적으로 언급하자면, 이런 기능들로 CATIA는 복잡한 3D 모델링을 효과적으로 통제할 수 있고 기존 프로그램에서 제공하는 모델링으로는 불가능했던 곡선이나 곡면을 자유롭고 정확하게 정의할 수 있다는 것이다. **그림 2-9**

2-9 Seattle의 EMP건물의 완공 후 모습과 CATIA 3D 모델이 매우 유사하다.

마지막으로 CATIA가 설계업무(CAD)뿐 아니라 구조를 비롯한 엔지니어링 업무(CAE)와 제작(CAM)과정까지를 모두 지원하는 CAD/CAE/CAM 통합지원이 가능하다는 점도 장점으로 들 수 있다. 이는 CATIA가 본래 건축설계보다는 항공기나 자동차 디자인과 제작을 위해 개발된 프로그램이기 때문에 갖는 특징이지만, 기존 건축물과 차별화되는 디자인을 주로 다루는 FOG/A에게는 시공과정과 결과물의 관리까지 가능하게 하는 매우 매력적인 기능이었다.

이렇게 CATIA를 디자인 프로세스의 주요한 요소로 참여시키면서 Gehry는 원하는 곡선을 보다 자유롭게 사용할 뿐만 아니라, 이를 의뢰인이나 엔지니어, 시공업체 등의 참여자들과 쉽게 공유하고, 제작에 이르는 모든 과정에 적극 참여하는 등 디자인의 가능성을 확대시킬 수 있었다.

십 여 년이 지난 지금도 여전히 사용되고 있으며 CATIA를 주축으로 하여 첨단에 가까운 FOG/A 의 혁신적 디자인 프로세스를 단계별로 살펴보면 다음과 같다. 그림2-10

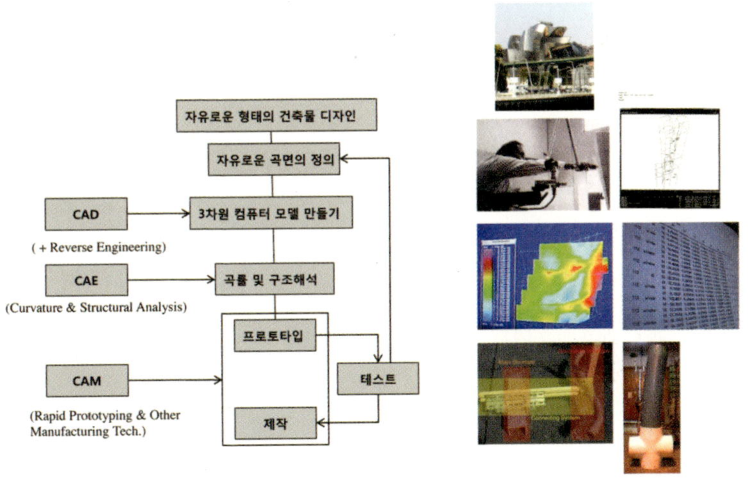

2-10 FOG/A의 혁신적 디자인 프로세스를 보여주는 다이어그램

1. 설계가 의뢰되면 Gehry를 포함한 FOG/A의 직원은 의뢰인의 요구와 기본적인 조사에 기초해 초기 아이디어를 발전시킨다. 이때 Gehry는 펜을 이용한 아주 간단하고 단순하지만 해석하기 매우 어려운 독특한 스케치를 사용한다.
2. Gehry의 스케치를 초안으로 나무, 찰흙이나 종이 등 재료를 사용한 실물모델Physical Model피지컬모델이 만들어진다.
3. Gehry의 승인을 얻은 실물모델을 3D Digitizer 쓰리디 디지타이저: 물체의 3차원

적 정보를 측정하는 3D Digital 측정도구를 사용하여 3D Digital 파일인 CATIA모델로 전환한다. 실물모델에서 측정한 3D 좌표에 기초한 CATIA모델은 다시 NURBS 기반의 부드러운 곡선과 곡면을 갖도록 여러 번의 수정과정을 거치게 된다.

4. 만족할 만한 수정 CATIA모델이 만들어지면 이 데이터를 CNC Milling Machine씨엔씨(Computer Numerical Control컴퓨터 뉴메리컬 컨트롤)밀링 머신: 컴퓨터수치제어 방식의 소형조각기이나 자유로운 곡면의 3차원 모델을 만들어 주는 3D Printer로 보내 실물모델을 다시 제작한다. 이렇게 만들어진 실물모델을 사용하여 수정 CATIA모델이 정확하게 원하는 형태를 띄고 있는지 확인한다. 필요한 경우 몇 차례에 거쳐 Digital 모델과 실물모델을 수정 제작하여 원하는 형태를 확정한다.
5. 확정된 CATIA파일은 구조 엔지니어링 회사로 넘겨지고, 특히 SOM 에스오엠 혹은 쏨: Skidmore, Owing, Merrill스키드모어, 오윙, 메릴 은 이를 구조해석 프로그램인 AES에이이에스로 전환하여 사용한다. (SOM은 구조해석 이전 단계인 초기설계부터 다양한 구조적 제안을 하지만, 이 구조해석 단계를 통해 Gehry의 디자인 확정에 깊이 개입한다.)
6. FOG/A는 확정된 CATIA파일을 구조설계를 맡은 SOM 뿐만 아니라 현지 건축설계사무소, 각종 제작업체, 엔지니어링 회사 등과 공유하여 제작에 직접 활용하도록 한다.
7. CATIA파일에 기초하여 제작된 각종 자재들은 현장에서 역시 CATIA 데이터에 근거하여 정확하게 시공된다.

물론 그림2-10에서는 FOG/A가 주도한 디자인 프로세스를 보여주고 있지만, 사실 FOG/A는 완공에 이르기까지 다양한 참여업체와 활발하게 협업하였기 때문에Guggenheim Museum Bilbao를 비롯한 이후 건물을 FOG/A 단독의 작품이라고 하기는 어렵다. 그림2-11의 다이어그램은 이들의 관계를 자세히 보여주고 있다.

특히 여러 참여업체 중 세계적 엔지니어링 회사인 SOM은 FOG /A의 성공에 큰 힘이 되었는데, 이전부터 SOM은 Gehry디자인의 초기단계에서 구조모델을 제안하고 구조적, 기술적 측면을 검토하여 완성도 높은 최종안이 도출되도록 협력해 온 파트너관계였다. 이들은 The Great Fish of Barcelona Project에서 함께 CATIA를 처음으로 사용하였고, 여기서 얻은 노하우를 실제 건축물로는 최초로 Guggenheim Museum Bilbao 프로젝트에 적용하게 된 것이다.

이 밖에도 FOG/A의 3D Digital 파일은 현지 건축사무소이자 PM인 IDOM, 기본구조체인 Steel구조 제작업체이인 URSSA울사, 그리고 외피 Cladding클라딩 중 하나인 Limestone업체인 BALZOLA발솔라, Titanium 및 2차 구조체 제작업체인 UMARAN우마란, Façade파사드 엔지니어링 회사인 Permasteelisa파마스티리사 등과 공유되었다. 이를 위해 IDOM과 관련업체들은 CATIA를 구비하였고, 각 업체는 필요에 따라 이 파일을 다른 프로그램과 호환하여 사용하였다. 그림2-11 다이어그램을 통해 업체 간 파일의 흐름도 살펴볼 수 있다.

구체적으로는 FOG/A에서 만든 실물모델에 기초한 CATIA 3D 파일이 SOM과 IDOM로 전달되면, SOM은 이를 구조해석 프로그램인 AES를 사용해 분석하여 그 결과를 기본구조체 제작업체인 URSSA로 보내고, URSSA는 SOM의 AES 구조분석 결과와 IDOM에서 받은 CATIA파일을 토대로 하여 1970년대 독일에서 개발된 BOCAD보캐드로 CNC Milling Machine을 제어하여 철제부재를 제작하였다. 한편 IDOM으로 보내진 CATIA파일은 CATIA 컨설팅 업체인 ABGAM에이비쥐에이엠의 도움을 받아 URSSA를 비롯한 BALSOLA, UMARAN 등에 보내지고, 각 업체는 CATIA 혹은 AutoCAD 등으로 호환하여 부재를 원하는 모양으로 제작하였던 것이다. 이처럼 CATIA는 디자인 초기 단계부터 건물의 완공까지 전 과정에서 활용되어, 디자인의 완성도를 높이고 정확한 모델링과 도면작업이 가능하게 했을 뿐 아니라 제작에까지 이용되었다.

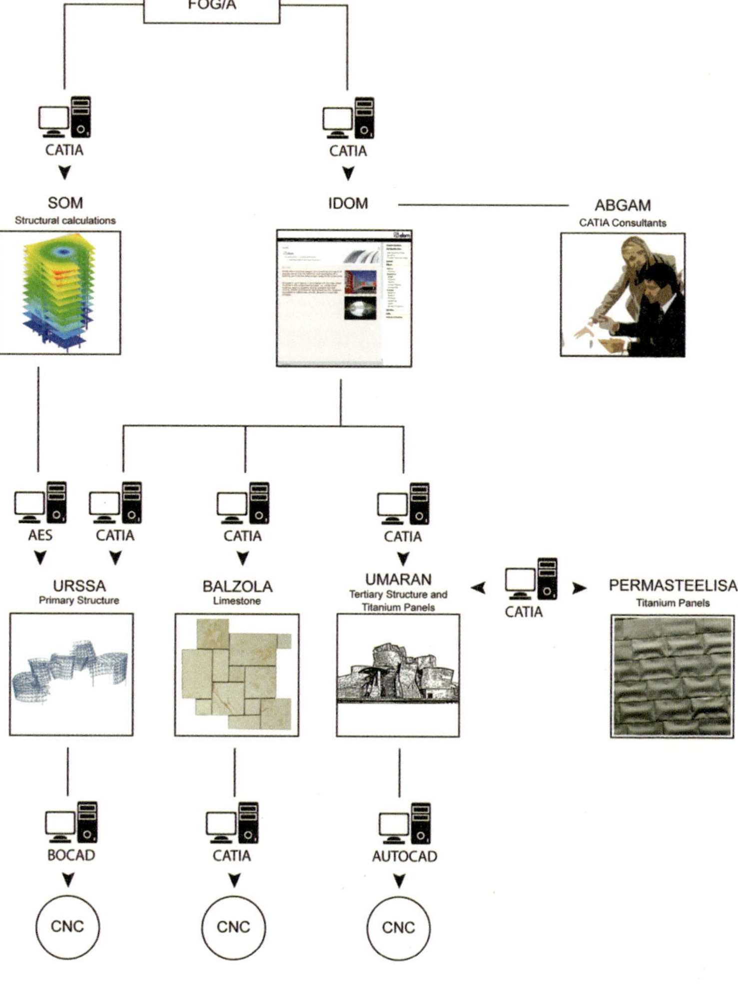

2-11 FOG/A와 참여업체간의 CATIA를 이용한 협업 조직도

무엇보다도 CATIA는 이 모든 과정에서 참여업체간의 협업이 효과적으로 이루어지게 한 공통언어의 역할을 했으니, 컴퓨터의 도움이 없었다면 Guggenheim Museum Bilbao은 존재할 수 없었다는 것이 정확한 표현일 것이다.

CATIA의 도입으로 Gehry는 원하는 곡선을 자유롭게 표현함으로써 디자인의 가능성을 더욱 확대시켰을 뿐만 아니라, 이를 의뢰인이나 엔지니어, 시공업체 등의 참여자들과 쉽게 공유하고, 건축가가 제작에 이르는 모든 과정까지 적극 참여할 수 있는 혁신적 디자인 프로세스를 구축함으로서 Digital 건축가Digital Architect디지털 아키텍트, 주2-3의 선두주자로 이름 올리게 되었다. 특히, 이 개념은 요즘 유행하고 있는 BIMBuilding Information Modeling빌딩 인포메이션 모델링이 추구하는 개념과도 일치하는 것으로 당시로서는 특히 매우 선진적인 개념이었다.

물론 Gehry를 Digital건축가의 범주에 넣는 것에 대해서는 일부 논란의 여지가 있을 수 있다. 하지만 주2-3에서도 언급되듯이 CATIA를 도입한 혁신적 디자인 프로세스를 통해 건축가의 역할을 단순한 설계작업에서 건물이 완성되는 순간까지의 모든 과정으로 확대시킨 Gehry를 Digital건축가, 혹은 그 선두주자로 부르는 것에 대부분 동의할 것이라고 믿는다.

주2-1 CAD/CAE/CAM:

CAD/CAE/CAM이란 각각 Computer Aided Design컴퓨터 에이디드 디자인/Computer Aided Engineering컴퓨터 에이디드 엔지니어링/Computer Aided Manufacturing컴퓨터 에이디드 매뉴팩처링의 약자로 컴퓨터를 디자인, 엔지니어링, 제작의 과정에 적극 도입, 이용하는 것을 의미한다. 우리나라 건축계에서는 주로 CAD라는 용어가 많이 쓰인다. 위와 같은 의미에서 본다면 널리 상용되는 건축 프로그램인 AutoCAD는 CAD 프로그램이라고는 하지만 주로 제도작업을 도와주는 프로그램인 관계로 마지막 D자가 Design을 의미한다기 보다는 Draft드래프트, 혹은 Drawing드로잉, 즉 제도로 의미를 축소하여 보는 것 옳다.

주 2-2 우리가 손을 사용해 그리는 곡선은 매우 자유롭고 다양하지만, 이런 곡선 중 정확한 수식을 사용해서 정의할 수 있는 곡선은 생각보다 한정적이다. 방정식으로 곡선을 정의하는 방법은 크게 2가지로 나눌 수 있는데, 그 첫 번째는 우리에게 익숙한 XY평면 위에 x, y좌표를 사용해서 나타내는 비매개 방정식(Non-parametric Equation논-파라메트릭 이퀘이션)이다. (가령 반지름이 1인 원을 정의하는 비매개 방정식은 $x^2 + y^2 = 1$이다.) 곡선을 수식으로 정의하는 두 번째 방법은 x, y가 아닌 다른 매개변수를 사용하는 매개 방정식(Parametric Equation파라메트릭 이퀘이션)이다.

이 중 컴퓨터 상에서 곡선을 만들기 위해서는, 비매개 방정식보다는 매개방정식이 주로 사용된다. 이는 곡선의 가장 기본이 되는 수직선, y=ax+b처럼 비매개 방정식을 사용할 경우 a가 무한대이므로 컴퓨터 상에서 이를 표현하는 것이 불가능한 경우가 있기 때문이다. 따라서 컴퓨터에서는 $x(t) = a_0 + a_1t + a_2t^2 + \cdots$, $y(t) = b_0 + b_1t + b_2t^2 + \cdots$ 와 같이 다항식 형태의 매개방정식이 사용된다. 즉 곡선을 구성하는 일부 점들의 좌표와 각 점에서 매개변수 t값을 지정하여 계수인 a_i, b_i를 구하는 것이다.

이렇게 곡선을 구성하는 일부 점으로부터 방정식을 만드는 대표적인 방법을 Lagrange Interpolation Method라그랑제 인터폴레이션 메쏘드라고 부른다. Lagrange Method 에서는 곡선이 지나가는 점들만이 곡선정의에 사용되는데, 사실 이런 방식으로 원하는 곡선을 표현하는 데는 한계가 있었다.

이에 좀 발전된 방법으로 곡선의 양 끝점과 미분벡터를 사용하는 Hermite Interpolation Method허밋 인터폴레이션 메쏘드가 제안되었는데, 이 방법은 미국 Boeing 사의 Ferguson퍼거슨이 처음으로 디자인에 적용하여 Ferguson 곡선이라고 불리기도 한다.

이후 Renault 자동차 회사의 Bezier는 곡선의 끝점과 미분벡터 그리고, 이와 관련되어 곡선 바깥에 위치한 조정점(Control Point컨트롤 포인트) 개념을 도입함으로써 좀 더 쉽게 곡선을 정의할 수 있게 되었다. 이를 Bezier curve 그림2-12라고 하고, 그 후 여기에 가중치 개념을 추가한 것을 Rational Bezier curve레이셔널 비지에 커브 라고 부른다.

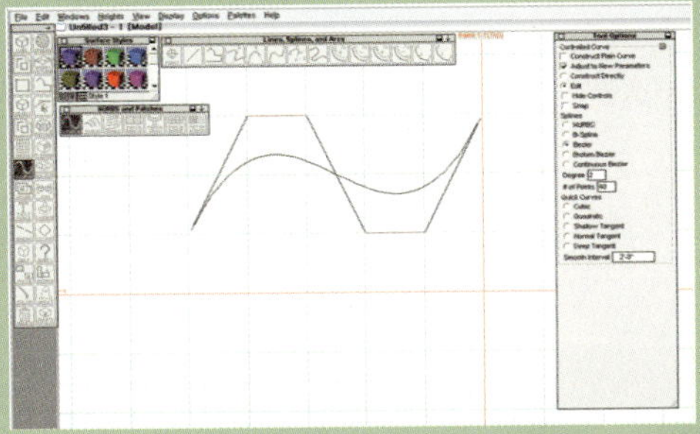

2-12 FormZ를 이용해 만들어 본 Bezier Curve의 예

한편 지금까지 언급된 단일 곡선을 연결시켜 이어주는 방법이 제시되었는데, 이 중 B-spline 이라는 Blending블렌딩 함수를 사용하는 곡선을 B-spline curve비-스플라인 커브라고 하고, 이 B-spline curve 에 조정점, 가중치, 차수, Knot Vector노트 벡터의 요소를 포함한 것을 NURBS(Non-uniform Rational B-Spline) 그림2-13라고 부른다.

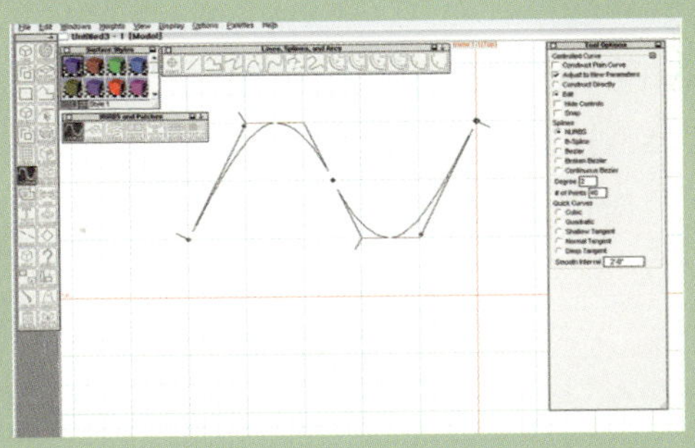

2-13 FormZ를 이용해 만들어 본 NURBS의 예

여기서 Non-uniform이란 곡선을 이어주는 점인 Knot의 간격은 일정하게 하지 않는다는 뜻이며, 여기에 가중치인 Rational 개념이 포함된 B-Spline curve을 줄여서 NURBS라고 한다.

이렇게 컴퓨터 상에서 곡선을 정의하는 방법은 곡선 위의 점을 사용하는 방법에서 시작하여 곡선의 미분벡터, 곡선 밖의 Control Point 등 여러 가지 요소를 추가하면서 발전해 왔다. 현재 곡선을 정의하는 방식 중에서는 NURBS가 가장 발전된 방법이라고 할 수 있다.

주2-3 Digital 건축가

일반적으로 Digital 건축가란 건축의 설계과정에서 컴퓨터를 적극적으로 사용하여 Freeform디자인을 추구하는 건축가를 의미한다. 즉 정형화되지 않은 형태인 'Freeform'과 특정 과정에 컴퓨터의 사용을 적극적으로 도입한 'Process-Oriented'프로세스 오리엔티드: 과정 중심 설계를 Digital 건축의 주된 특징으로 볼 수 있다. 이러한 정의로 볼 때 Gehry는 컴퓨터를 사용하여 정형화되지 않은 건축물을 설계하는 건축가로서 'Digital 건축가'이지만, 컴퓨터를 사용하는 과정이나 방법에 있어서 여타의 Digital 건축가와 차별화되므로 Gehry를 Digital 건축가의 범주에 포함시키는 것에 대해 일부 논란의 가능성이 있다. 구체적으로 Peter Eisenman피터 아이젠만이나 Greg Lynn그렉 린, NOX녹스, Asymptote아심토트, UN Studio유엔 스튜디오같이 Digital 건축가로 불리는 여타의 건축가들은 특정 자연현상이나 법칙을 자신이 추구하는 형태의 논리적 근거로 발전시키는 초기 컨셉개념 과정에서 주로 컴퓨터를 활용한다. 반면 Gehry는 이 과정에서는 자신이 이전부터 선호하던 아날로그 방식을 사용하지만, 기본 설계를 현실화시키는 과정, 즉 도면화 과정이나 구조해석의 과정, 제작자들과의 협업 과정 등에서 CAITA 등 Digital 도구를 적극적으로 사용하여 이들과 구별된다.

곡면건축과 구조

Guggenheim Museum Bilbao은 21세기의 건축디자인을 이끄는 견인차 역할을 한 대표적이며 선두적인 곡면의 건물이다.

직각이나 동일한 곡면을 찾기 어려운 독특하고 과감한 이 건물의 형태를 보게 되면, 건축을 전공하지 않은 사람일지라도 첨단의 건물이 어떻게 만들어 졌는지 그 재료와 방법 등의 구축성에 대해 의문이 생기는 것이 자연스럽다

사실 Guggenheim Museum Bilbao이 곡면을 가진 유일한 건축물인 것은 아니지만, 이전에 존재했던 대부분의 곡면 건축들과는 다른 구조와 재료를 사용했다는 사실에서 차별화된다. 제4부에서 다루게 될 Utzon의 Sydney Opera House, 앞에서 언급되었던 Frank Lloyd Wright의 Guggenheim Museum New York, 그리고 일반인들에게는 생소할 수 있겠지만 건축가 Le Corbusier르 꼬르뷔제의 La Chapele de Ronchamp라 샤펠 드 롱샹: 롱샹 성당, Eero Saarinen에로 사리넨의 TWA티더블유에이 터미널, Felix Candela페릭스 칸델라의 HP(Hyperbolic Paraboloid Shell하이퍼볼릭 파라볼로이드: 쌍

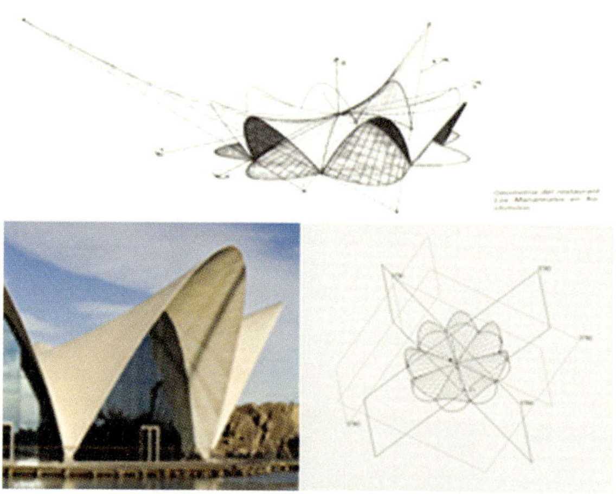

2-14 Felix Candela의 HP Shell의 Axonometric
2-15 Santiago Calatrava가 재현한 L' oceangrafic의 HP Shell
2-16 HP Shell의 3D Digital 모델

곡 포물선 쉘 건물그림2-14~16, 심지어 Gaudí의 건축물들까지 곡면으로 유명한 건축물들은 대부분 콘크리트를 주재료로 하여 건설되었다.

이런 현상은 콘크리트 반죽을 가두는 거푸집만 원하는 형태로 튼튼하게 제작하게 되면 웬만한 형태는 쉽게 만들 수 있는 콘크리트의 물성 때문이라 할 수 있다. 물론 콘크리트 역시 정밀한 구조해석과 실험을 통해 형태나 크기가 결정되기는 하지만, 곡면 건축을 실제로 축조할 경우 시공의 편리함 때문에 콘크리트가 주로 사용되었던 것이 사실이었다.

이와 달리 Guggenheim Museum Bilbao은 콘크리트 대신 철골 프레임을 기존 구조로 사용함으로써 기존 곡면 건축들과는 재료와 구조 면에서 구별된다. 이는 경제성과 기술력을 고려한 때문이기도 하지만, Bilbao 시가 Spain의 대표적 철강 산업도시였다는 역사적 특징을 감안한 때문이기도 했다.

그런데 철골 프레임을 사용하여 특별하다는Guggenheim Museum Bilbao를 지지하고 있는 속 구조를 살펴보면 아이러니하게도, 독특한 곡면을 띄는 외관과는 달리 내부 구조체가 대부분 직선 요소로 이루어져있다는 의외의 사실을 알 수 있다.

이는 그림2-17,18의 구조체 시공 사진과 부분 도면을 통해 보다 확실히 살펴볼 수 있는데, 기둥과 보가 만들어내는 전체적인 기본 구조체Primary Structure프라이머리 스트럭처 뿐만 아니라 복잡한 곡면의 외피를 지지하는 기울기가 있는 부재 및 가새Lateral Bracing래터럴 브레이싱까지 모두 곡선이 아닌 일반 직육면체 건물에서 사용되는 직선형 부재가 사용되었음을 알 수 있다.

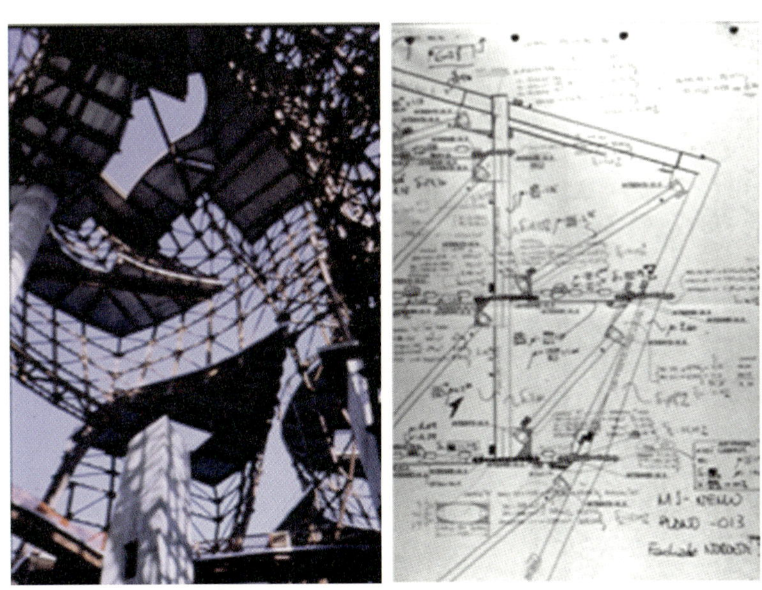

2-17,18 Guggenheim Museum Bilbao의 기본구조체 사진 및 부분 도면

이 사실이 무엇을 의미하는지, 이해를 돕기 위해 철골구조를 이용해 곡면 건축물을 지탱하는 구조체를 그림2-19처럼 3가지 경우로 나누어 볼 수 있다.

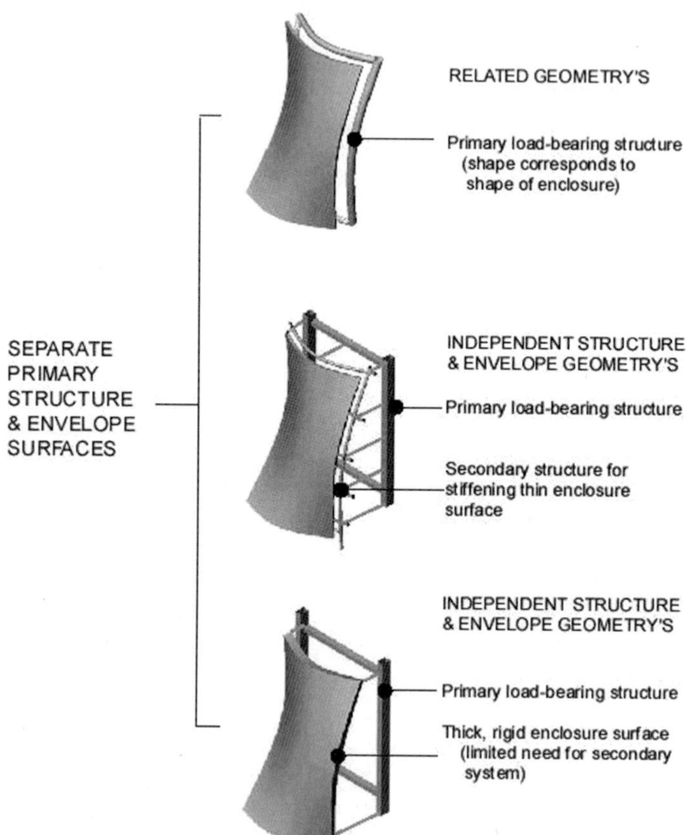

2-19 곡면의 건축물을 지지하는 구조체의 예 by Daniel Schodek

일반적으로 Guggenheim Museum Bilbao같은 곡면의 건축물을 보게 되면 첫 번째 그림처럼 Related Geometry릴레이티드 지오메트리(Shape Corresponds to Shape of enclosure쉐이프 코레스펀던스 투 쉐이프 오브 인클로저), 즉 외피의 곡면을 그대로 따라가는 곡선의 구조체를 상상하는 것이 자연스럽다.

혹시 구조에 대한 약간의 지식을 갖고 있는 사람이라면, 마지막 그림처럼

Independent Structure and Envelope Geometry인디펜던트 스트럭처 앤드 엔벨롭 지오메트리, 즉 박스 형태의 기본 구조체와 곡면의 외피Envelope엔베롭가 직접 연결되어있는 구조체 정도를 상상할 수도 있을 것이다.

그런데 Guggenheim Museum Bilbao에는 그림2-19의 두 번째 그림과 같이 복잡한 형태의 구조체가 사용되었다. 이 방법은 그림에서 보이는 대로 기본 구조체와 외피 사이에 2차 구조체Secondary Structure세컨더리 스트럭처 를 한 번 더 사용한 것으로, 곡면에다 얇기까지 한 외피(이 경우 Titanium)가 비, 바람 등의 외부 하중을 견딜 수 있게 하느라 복잡한 구조체가 추가로 설치된 것이다.

이들 중 가장 이상적인 곡면 건축물의 구조체로는 그림2-19의 첫 번째 그림처럼 구조와 건물 형태가 같은 시스템을 꼽을 수 있다. 건물의 형태를 그대로 따르는 구조시스템은 구조체를 제작하는 초기 시공 단계에서의 어려움은 있겠지만, 이후의 과정은 간편하고 효율적이기 때문이다. 또한 이런 구조시스템을 활용한 곡면건축은 내부 공간의 활용에 있어서도 보다 자유롭다는 장점을 갖는다.그림2-25

이와 대조적으로 곡면의 건물 외피와 달리 직선의 구조체가 사용된 Guggenheim Museum Bilbao의 구조 시스템은 직선의 기본 구조체와 곡면의 외피 사이에 최대 3m가량의 죽은 공간을 갖고 있는데, 이 점은 이후 공간 활용도 면에서 비난의 원인이 되었다.

이러한 여러 이유에 의해 Guggenheim Museum Bilbao가 선택한 구조 시스템은 특별한 기술을 필요로 하는 수준 높은 설계라고 하기는 어려운 것이 사실이다.

하지만 당시의 기술 여건으로 볼 때, 이 정도 디자인과 규모를 갖는 특별한 곡면 건물을 안정적으로 시공하기 위한 최선의 선택이었을 것으로 이해할 수는 있다. 물론 그렇다 하더라도 Guggenheim Museum Bilbao 구조의 실제 제작과정이 결코 쉽지는 않았다.

그림2-20~22은 Guggenheim Museum Bilbao의 동쪽 끝에 자리잡은 Tower의 도면과 사진의 일부인데, Limestone 외피 부분이지만 구조체의 일부가 노출된 유일한 부분으로 Guggenheim Museum Bilbao 구조시스템의 도면과 실제상태를 비교하며 살펴보기에 용이하다.

그림처럼 실제 구조시스템을 구성하고 있는 대부분의 부재는 직선의 철제가 사용되었고, 특히 곡면을 지지하는 부재 부분은 길이와 조립각이 서로 다른 직선의 철제가 사용되었다. 이런 사실은 미술관 본 건물에 해당하는 그림2-17과 2-18에서도 크게 다르지 않아, 크기와 각이 모두 제 각각인 직선 부재가 사용되었다.

이렇게 이 건물을 지지하는 구조 부재들은 컴퓨터로 정확히 제어하지 않았다면 실제 제작이 거의 불가능했을 정도로 복잡하고 서로 달랐다.

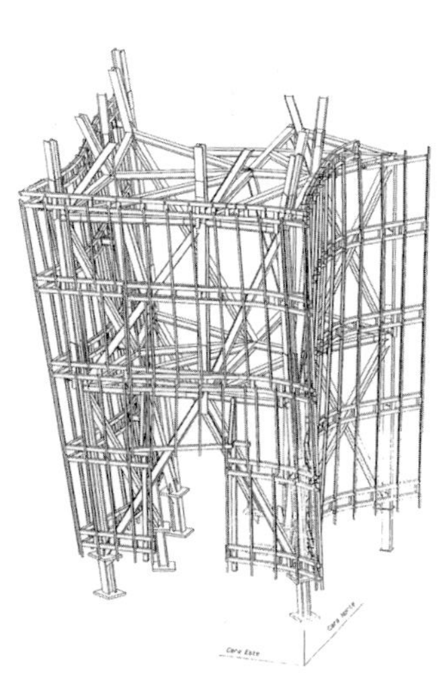

2-20,21 IDOM에서 제공받은 URSSA가 제작한 Tower를 구조체 그림과 그 실제

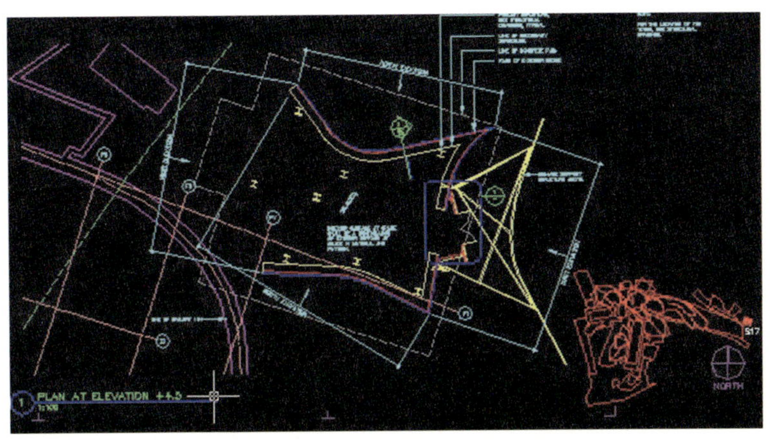

2-22 IDOM에서 제공받은 URSSA가 제작한 Tower 평면의 일부

다행히 FOG/A는 Guggenheim Museum Bilbao의 건립 바로 직전 Barcelona의 The Great Fish Project에서 기본 구조체 위에 곡면의 외관을 만들기 위해 2차 구조체가 복잡하게 설치 되는 구조시스템을 이미 사용하였던 경험이 있었다. 구체적으로 The Great Fish의 곡면 외관에는 직선의 L자 형강의 기본 구조체 위에 2차 구조체 및 연결 시스템Connecting System 커넥팅 시스템이 사용되었다. 그림2-23 (이 부분에 대해서는 제4부에서 자세하게 다룰 것이다)

하지만 The Great Fish 에서는 기본 구조체와 2차 구조체 사이 연결 부위의 미세 조정을 위해 간단한 Clamp클램프 스타일의 연결시스템이 사용되었지만, 이보다 규모나 스케일이 훨씬 큰 건물이었던 Guggenheim Museum Bilbao는 이 부분을 위해 새롭게 고안된 연결 시스템이 요구되었다. 따라서 2차 구조체인 강재 튜브와의 연결부분에는 현장맞춤작업이 용이하도록 부재의 길이방향 뿐만 아니라 좌우방향으로도 변위를 가질 수 있는 정교한 시스템이 설계되었다.그림2-24

2-23 복잡한 직선 구조체로 이루어진 Barcelona의 The Great Fish

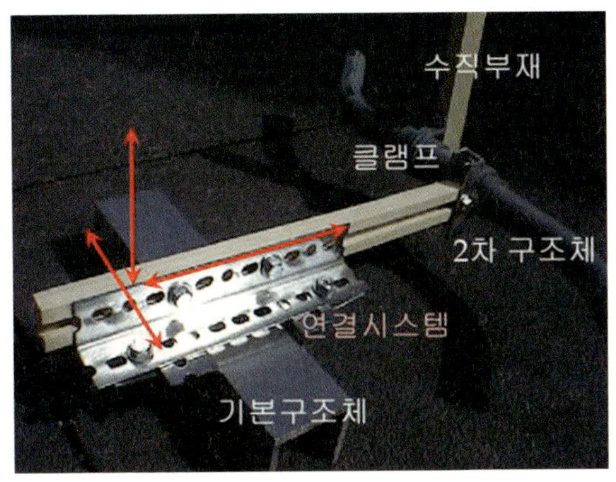

2-24 기본구조체와 2차 구조체를 잇는 연결시스템을 설명하는 모델
(GSD 수업 중 제작한 샘플모델)

Guggenheim Museum Bilbao에 사용된 연결시스템을 좀더 세부적으로 나누자면 2가지의 2차 구조체가 사용되었다. 즉 Titanium으로 마감된 부분에는 원형의 철제 Tube튜브가 사용된 반면, 석재로 마감된 부분에는 기본구조체와 같은 종류의 H형강이 사용되었다. 이는 곡면 외피의 자체 하중 때문인데, Titanium과 같은 가벼운 재질에는 단면이 원형으로 되어있고 속이 비어있는 강재 튜브Steel Tube를, Limestone인 석재의 경우 무거운 자체 하중을 견딜 수 있는 직선의 H형강을 2차 구조체로 사용한 것이다.

이 밖에도 외피로 Titanium을 사용하는 부분에는 Titanium판과 방수 고무판을 고정할 수 있도록 2차 구조체 바깥 쪽에 2차 구조체와 연결되는 Clamp 형식의 수직 부재가 추가되었다.

이 부분에서 잠시 언급해야 하는 또 하나의 Project가 바로, Gehry의 이후 작품으로 2000년 완공된 EMP이다.그림2-25 Gehry는 EMP에서 마침내 그림2-19의 첫 번째 그림처럼 외피를 따르는 곡선의 구조 부재를 활용한 이상적인 구조 시스템을 채택하는데 성공함으로써 우리의 기대를 져버리지 않았다.

2-25 외피의 곡면을 그대로 따르는 EMP의 노출된 구조체와 내부의 모습

자세한 설명은 제4부에서 다시 다루겠지만 FOG/A의 곡면 건축은 Barcelona의 The Great Fish Project, Guggenheim Museum Bilbao를 거쳐 EMP까지 단계적으로 진화된 구조를 갖는다. 이는 상대적으로 위험 요소가 적은 조형물의 디자인과 제작에 일찍이 많은 노력을 투자한 결과로 볼 수 있는데, 중간 과정보다는 '세계 최초나 최고'만을 우대하는 우리 사회에 시사하는 바가 크다고 할 수 있다.

Limestone과 Titanium

1993년 10월 22일 Guggenheim Museum Bilbao는 Nervion 강가의 부지에 그 첫 삽을 뜨게 되었다. 애초 32,700 m²로 예정했던 공사부지는 예산문제로 약 11,000 m²의 전시공간을 포함한 24,000 m² 규모로 일부 축소되었지만, 높이50m에 이르는 Atrium과 약130m의 길이를 갖는 Arcelor Mittal Gallery아르셀로 미탈 갤러리 등 미술관 주요 시설의 규모와 디자인은 그대로 유지되었다.

인허가 작업과 현장의 기초토목공사 및 도면작업이 동시에 진행되는 동안 FOG/A 주도하에 외장 및 내장에 사용될 마감재가 선정되었다.

우선 공모전 당시 제출되었던 모델에서 나무재질로 마감되었던 부분은 Spanish Limestone이 마감재로 결정되었다. 이는 Limestone의 색상이 미술관의 부지 건너편에 위치한 Duesto University두에스토 유니버스티의 외관과 조화를 이룰 수 있는 연한 모래색을 띄었기 때문이라고 한다.

2-26 Limestone은 직육면체를 이루는 부분에 주로 사용되었지만
일부 곡면부분에도 이용되었다.

Limestone의 선정 과정에서 석재의 가공방법에 대한 논의가 일부 제기되었으나, FOG/A는 1991년 Venice Biennale베니스 비엔날레의 US Pavillion유에스 파빌리온 벽체 일부에 대해 시범적으로 CATIA와 CNC Milling machine을 사용하여 석재 곡면을 성공적으로 가공함으로써 정밀 시공의 가능성을 보여주었다.

Guggenheim Museum Bilbao에서는 Limestone의 가공을 위해 현장에 3차원 CNC Milling machine을 갖춘 작업장을 설치하고 대부분의 석재를 현장에서 가공, 제작하였다고 한다.

한편 공모전 모델에서 은색 도장으로 마감되어있던 조형적 곡면의 부분은 금속 마감재를 사용할 것으로 이미 예정되어 있었다.

2-27 파도가 치는 듯 굽이치는 곡면을 마감하고 있는 Titanium 패널

이 부분에 적합한 금속 마감재를 고르기 위해 연마방법에 따라 표면의 반사 정도와 느낌이 다른 각종 Stainless Steel 재질을 포함한 28가지의 금속 마감재 샘플에 대한 FOG/A의 선정작업이 시작되었다. 이 중 Gehry가 이미 다른 건물에서 사용했거나 사용 예정인 금속재, 즉 Fredrick R. Weisman Museum프레드릭 와이즈만 뮤지엄에 사용될 예정인 Sandblasted샌드블래스티드:고운 모래로 연마하여 무광처리된 Stainless Steel과 Center for the Visual Arts in Toledo센터 포 더 비주얼 아트 인 토리도에서 사용한 납 코팅된 구리Lead-coated copper레드-코우티드 코퍼, 그리고 Titanium으로 그 범위가 좁혀졌고, 건축 외장재로 사용된 적은 없지만 적당한 반사도와 부드러운 색상을 가지며 특히 가벼워 작업이 용이할 것으로 기대되는 Titanium가 FOG/A관계자들 사이에서 가장 매력적인 재료로 꼽혔다. 하지만 비싼 가격이 문제였다.

사실 Titanium은 강한 내구성과 항 마모성을 띈 가벼운 금속재로 항공기, 잠수함, 자전거를 비롯한 각종 운동기구나 의료기구, 귀금속 등까지 광범위하게 사용되는 고가의 금속제인 것이다. 하지만 또 다른 유력 후보였던 구리재가 환경적 논란으로 인해 Spain에서의 사용이 어렵게 되면서, Titanium의 시공상 이점을 활용해 단가를 낮추는 방안이 FOG/A 내부에서 점차 논의되기 시작하였다.

바로 그 때 Russia러시아 군수물품 회사가 갑자기 파산하고 그 여파로 Titanium 가격이 일시적으로 급락하는 드라마 같은 사건이 발생한다. 급격한 가격변동으로 Stainless Steel과 비슷한 가격대로 Titanium를 매입할 수 있다는 사실을 알게 되자 FOG/A는 망설임 없이 Titanium을 외피 마감재로 최종 결정하였다.

이렇게 해서 Guggenheim Museum Bilbao는 고급재료인 Titanium을 건물외관에 사용하여 독특한 곡면의 건물을 더욱 돋보이도록 할 수 있게 되었다.

Titanium 마감재는 Stainless Steel 마감재와는 재질이 풍기는 색감이나 느낌에서 많은 차이가 있으니, 기회가 닿는다면 LA에 위치한 Walt Disney Concert Hall의 Stainless Steel 마감재와 Guggenheim Museum Bilbao의 Titanium 마감재를 한번 비교해 보는 것도 좋을 것이다.

개인적으로는 고급스러우며 은은한 은빛의 Titanium을 선호한다.

제 3 부
세기의 건축을 찾아서

제1장 세기의 건축을 찾아서
제2장 The City of Bilbao

3-1 C. de Iparragirre를 따라 건물 사이로 보이는 Guggenheim Museum Bilbao

세기의 건축을 찾아서

Guggenheim Museum Bilbao의 은빛 곡면은 어떤 방향에서 접근하더라도 보는 이의 걸음이 잠시 멈추고 탄성이 새나오게 한다. 불규칙한 곡선과 예측할 수 없는 각도의 메스들이 만들어 내는 건물의 외형은 확실히 보는 이의 시선을 끄는 현란한 형태미를 지니고 있다.

유기적 건축, 부정형의 건물, 해체주의의 결정판 등 건물을 예찬하는 각종 수사어구가 있지만, 이제 건물이 만들어지기까지의 속사정을 알고 있는 우리는 자연스러운 Mass의 조합과 이를 부드럽게 돌아 감싸는 곡면 곳곳에서 이 건물이 겪어온 영욕의 시간을 먼저 느낄 수 있다. 특히 한 겹 한 겹 잘 짜인 에지있는 디테일에서 이 건물이 치밀하게 계획된 21세기 기술의 완결편임을 실감할 수 있을 것이다.

결코 접근하기 쉽지 않은 Bilbao 시까지 발걸음을 한 대부분의 관광객은 Guggenheim Museum Bilbao을 최우선의 목적지로 했을 것이다. Guggenheim Museum Bilbao은 다양한 방향에서 접근 할 수 있는데그림3-2, 가장 쉬운 방법은 우선 도심을 감싸 흐르는 Nervion강을 찾는 것이다.

3-2 Guggenheim Museum Bilbao로 이르는 도로 및 대중교통 on Google Map

잘 정비된 강변을 걷다 보면 멀리서도 반짝이는 은빛 건물을 놓칠 수 없다. 혹시 직접 기차나 버스를 이용해 도심에 들어오게 된다면 역에서 지하철이나 버스 등 대중교통수단으로 환승하여 Plaza de Don Federico Moyua 플라사 데 돈 페데리코 모유아 인근 역으로 향하도록 하자. Moyua Plaza에서 방사선으로 뻗은 도로 중 북쪽을 향한 도로인 Calle de Iparragirre까예 데 이파야히레로 들어서면 어둡고 좁은 도로를 배경으로 한 미술관의 S라인이 보는 이의 눈을 즐겁게 할 것이다. 그림3-1,2

Bilbao 공항에서도 역시 Moyua Plaza를 목적지로 삼는 것이 좋은데, 이때 산기슭 터널을 나오며 El Puente de la Salve 위에서 마주치는 미술관과의 극적 만남도 잊지 못할 추억이 될 것이다. 그림3-3

3-3 El Puente de la Salve 위에서 보이는 미술관.

언급되었듯이 Guggenheim Museum Bilbao은 도심의 어느 방향에서도 접근이 용이하지만, 미술관 내부로 진입하기 위해서는 강 뒤편 도심을 향해 있는 미술관 Plaza플라자:광장 측의 출입구를 이용해야 한다. 도심에서라면 바로 길을 건너면, 강변에서라면 건물 양 측면의 계단을 이용하면 도심 레벨의 Plaza에 이를 수 있다.그림 3-4,5

3-4 건물 서측의 계단. 강변에서 Plaza에 이르기 위해서는 이 계단을 올라야 한다.

3-5 El Puente de la Salve 아래로 도심과 연결되는 건물 동쪽 계단이 보인다

도심의 주요 도로와 직접 연결되어 있는 미술관 Plaza는 도심과 미술관이 자연스럽게 연결되는 공간으로 미술관이 Bilbao 시민의 일상적 생활의 한 부분이 되도록 한다. 또한 Plaza는 도심보다 낮은 Nervion 강변에 위치한 미술관 건물의 주요 부분과 도심 사이의 레벨 차이를 극복하는 절충 공간의 역할도 수행한다.

소박하지만 넓은 Plaza에 서면 미술관을 지키고 있는 Jeff Koons제프 쿤의 귀여운 조각품 Puppy퍼피가 우선 신기하다. 그림1-14, 3-6, 주3-1 그 뒤로 부드러운 모래색 건물 사이에서 봉곳이 솟아있는 장미꽃 모양을 한 Titanium 외피의 Atrium 역시 보는 이의 시선을 끈다. 그림3-6

그림3-6 Nervion강 뒷편, 도심방향으로 난 Pla
Puppy뒤로 장미꽃 형상의 중정 부분이 눈에 띈다. Guggenheim Bilbao Muse

미술관의 주 출입구인 Foyer포이어(현관)는 이 장미 꽃송이 아래 부분에 위치하고 있는데, Limestone으로 정교하게 마감된 왼쪽 벽면과 오른편 Titanium 벽면이 만들어내는 계곡 같은 계단을 내려가면 만날 수 있다.그림 3-7

입구를 눈에 띄는 장소에 만드는 일반적인 건물과 달리, Guggenheim Museum Bilbao는 별다른 안내판도 없는 넓직한 계단을 내려가야만 주입구에 이를 수 있는 것이 특이하다.

이 역시 강변에 위치한 본 건물과 도심의 높이 차이를 자연스럽게 해결하려는 시도로 보인다.

ppy가 바라보고 있는 방향이 Bilbao도심 쪽,
고를 향해 다가가면 아래로 Foyer에 이르는 계단이 보인다.

3-7. Guggenheim Museum Bilbao Plaza에서 미술관의 Foyer로 이어진 계단. 양측의 Limestone 마감재와 Titanium 마감재를 가까이서 살펴볼 수 있는 좋은 장소이다.

3-8 미술관 Foyer내부, 우측의 티켓판매대

계단을 내려서면 만나게 되는 Foyer 부분은 투명 유리를 사용하여 건물의 속내를 살짝 드러내는데, 예사롭지 않은 건물 모양이나 날렵한 Titanium 마감에 주눅들었을 관람객에게 문을 활짝 열고 방문을 환영하는 듯 하다.그림3-7 Foyer에는 미술관 관람에 대한 기본적인 안내와 티켓 판매가 주로 이루어지며, 이후 건물 내에서는 사진촬영이 금지되므로 카메라를 포함한 무거운 소지품을 보관해주는 Coatroom코트룸: 물품보관소이 마련되어있다.그림3-8

3-9 Foyer와 연결된 Atrium

매표를 마친 관람객은 이곳에서 바로 높이 50m의 Atrium으로 진입할 수 있다.그림3-9 Atrium은 유리기둥과 Limestone 벽체, 그리고 백색의 곡면 기둥 등이 중첩되며 3층까지 뚫린 Void 형태인데, 이는 Frank Lloyd Wright의 Guggenheim Museum New York의 중정보다 1.5배나 높은 것이다.

Atrium의 Void를 중심으로 3개 층에 거쳐 복잡하게 흩어져있는 20개의 전시관Gallery 갤러리들은 유리 엘리베이터나 계단, 곡선모양의 구름다리로 서로 연결되어 있다. 이 역시 건물 중심부의 Void를 따라 조성된 경사진 나선형의 램프가 특징인 Guggenheim Museum New York를 염두에 두고 Gehry가 특별히 배려한 공간이다. 그림3-10,11

3-10 유리로 마감된 Atrium 내부의 계단실

3-11 3층 높이의 Atrium과 자연광의 채광을 위해 마련된 천창

Atrium의 또 다른 특징은 유리 Curtain Wall커튼 월을 통해 관람객이 3개 층 어디서도 Nervion 강의 모습을 볼 수 있을 뿐 아니라 충분한 자연광을 누릴 수 있다는 점이다. 특히 Atrium 1층에서는 강변의 Terrace테라스로 바로 나갈 수 있으니, 강변을 향해 있는 Terrace에서 강물을 바라보거나 Jeff Koons의 또 다른 조각품인 Tulip튤립, 혹은 최근 작고하신 Louise Bourgeois의 거미 모양 조각품 Maman마망을 가까이서 감상하는 기회를 갖는 것도 좋을 것이다. 그림3-12, 1-12,13

3-12 Atrium에서는 Nervion강변의 전경이 내다보일 뿐 아니라 강변의 Terrace로 나갈 수 있다. 조각품 Tulip이 설치되기 이전, 첫 방문인 2006년 촬영.

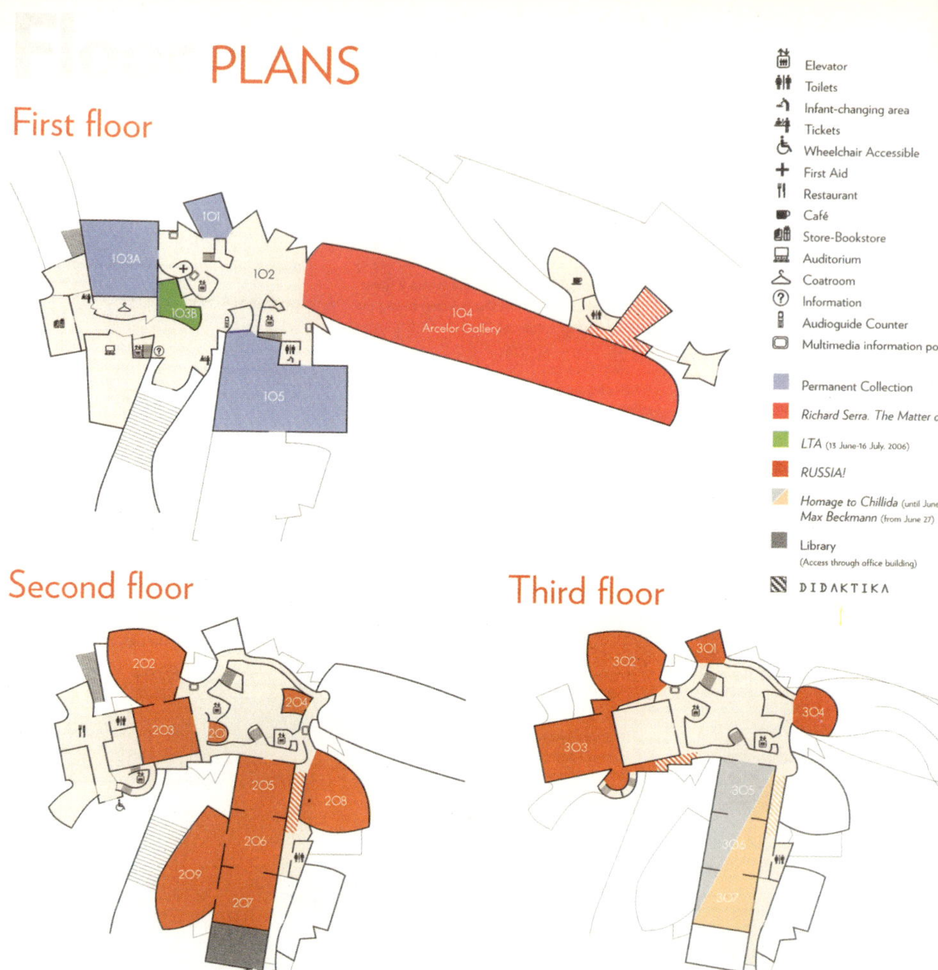

3-13 미술관 내부 평면도 간략하게 그려져 있지만 각 층의 평면이 서로 다른 형태의 공간으로 구성되어있는 복잡한 디자인의 건물임을 한눈에 알 수 있다.

Guggenheim Museum Bilbao은 유리로 만든 Atrium 부분을 중심으로 Limestone이 사용된 9개의 전시장과 Titanium으로 장식된 9개의 전시장 등 모두 20개의 전시관으로 구성되어있다. 이들 공간은 Permanent Collection퍼머넌트 컬렉션:상설전시, Temporary Collection템퍼러리 컬렉션:기획전시, 그리고 선정된 Living Artist리빙 아티스트: 현존작가를 위한 전시공간으로 사용되고 있다.

각 공간은 그 사용목적에 따라 형태나 외장재를 다르게 사용하여 구별된다. 전체 면적 1,1000m²에 해당하는 넓은 전시공간 중 평면상 비교적 단정한 사각형 형태를 띄고 있는 부분은 Limestone 외피부분으로 상설 전시와 선정 작가를 위한 크고 작은 전시공간이 3개 층에 거쳐 위치하고 있다. 그림3-13 (1층 하늘색으로 표시된 블록은 상설전시관, 1,2,3층에 거쳐 있는 사각형 형태의 전시관은 외부가 Limestone으로 마감되어 있다.) 나머지 공간은 Titanium으로 마감된 곡면 외관으로 밖에서도 쉽게 구별이 되지만, 내부 역시 부정형의 평면과 곡면 혹은 기울어진 벽체, 그리고 시멘트 바닥마감으로 기존 전시관과는 다른 특별한 느낌을 준다. 특히 Arcelor Mittal Gallery, 즉 전시관 104호는 길이 130m, 너비 30m의 거대한 공간으로, 미술관에 인접해 있는 El Puente de la Salve 아래를 통과하여 타워까지 이어져 다리와 미술관을 하나의 구성요소로 통합시킨다.(그림3-13에서 1층 빨간 색으로 길게 표시된 부분) 그림3-14,15

3-14 El Puente de la Salve 아래를 지나 타워까지 뻗어있는 Arcelor Mittal Gallery외경

3-15 El Puente de la Salve를 향해 길게 뻗어있는 Arcelor Mittal Gallery.

Arcelor Mittal Gallery는 130m에 이르는 공간이 기둥이나 벽체 없이 하나로 만들어져 크거나 움직임이 많은 설치물의 전시에 적당하도록 디자인되어있다. 이 전시관에는 세계적인 조각가가 Richard Serra리처드 세라의 작품 'The Matter of Time'더 매터 오브 타임: La Materia del Tiempo라 마테리아 델 티엠포이 전시되어 있는데, 특이한 평면을 가지는 전시공간에 어울리도록 제작된 8개의 거대한 조각품으로 구성되어있다. 작품의 재질은 넓고 높은 붉게 녹슨 철판으로 마치 Bilbao시의 역사와 사연을 상징하는 듯 하다. 그림3-16,17

미술관에는 이 밖에 300석의 강당Auditorium오디토리움과 미술관 기념품 점과 책방, 레스토랑, 그리고 2곳의 카페 등의 부대시설이 있다. 특히 미술관 기념품 점에는 미술관 건물을 테마로 한 수준 높고 흥미로운 기념품들이 다양하게 갖춰져 있다.

3-16 Arcelor Mittal Gallery 내부

3-17 Arcelor Mittal Gallery에 전시된 Richard Serra의 작품 'The Matter of Time'

3-18 복잡한 외관처럼 내부 공간의 구성도 불규칙적이다.

역설적인 이야기 일지도 모르지만, 세계적인 건물인Guggenheim Museum Bilbao의 내부는 자칫 길을 잃기 쉬울 만큼 공간 구성이 불규칙적이고 복잡하다. 실제로 내부 관람 중 같은 층의 화장실을 찾아 가거나, 떠난 장소로 다시 돌아오는 일상적인 일도 쉽지 않았던 기억이 있다. 미술관 내에서는 Atrium을 이정표로 삼아 자신의 위치를 확인하는 것이 길을 잃지 않는 한 방법이겠다.

Guggenheim Museum Bilbao의 자극적인 건물 디자인이나 흥미로운 뒷이야기에 우리의 관심이 집중되는 것은 사실이지만, 독특한 화풍의 현대작품을 위주로 한 Permenant Collection이나 SRGF에서 기획하여 제공하는 Temporary Collection도 Guggenheim의 이름값에 걸맞게 훌륭하다. 특히 Gehry의 설치물전을 포함해 지금까지 기획된 특별전들은 놓치기 아까운 좋은 내용의 전시가 많았으므로, 방문 전에 어떤 특별전이 계획되는지를 확인해 충분한 시간을 할애하는 것이 좋을 것이다.

미술관을 떠나기 전에 반드시 찾아야 하는 곳이 있다면 바로 El Puente de la Salve이다. 이 다리는 Guggenheim Museum Bilbao에서 미술관 설립 이전부터 도심으로 진입하는 상징적 출입문으로 공모전 설계지침에도 언급되었듯이 Guggenheim Museum Bilbao의 일부로 보아야 한다.

미술관 Plaza에서라면 미술관을 바라보고 우측 도로를 따라 다리로 자연스럽게 진입이 가능하고, 강변 쪽에서라면 La Salve다리로 올라갈 수 있도록 마련된 철제 계단이나 유료인 엘리베이터를 이용하여 접근할 수 있다. 다리 위에서는 미술관의 강 쪽 정면이 모두 보이기 때문에 별다른 기술이나 장비 없이도 전문가 수준의 미술관 사진을 얻을 수 있는 최상의 '촬영 포인트'를 제공하고 있다는 점도 잊지 않는 것이 좋을 것이다. 그림3-15

3-19 2006년 설치작업 중인 Arcos Rojos

한편 다리 위 빨간 색으로 칠해진 H형상의 조형물도 흥미를 끌 만하다. 다리를 지탱하기 위한 구조물로 보이지만, 이는 미술관의 개관 10주년을 기념하여 제작된 France 작가 Daniel Buren다니엘 뷰렝의 Arcos Rojos아르코스 로호스라는 미술관의 야외 전시물 중의 하나이다. 사실 이 부분은 다리를 지지하기 위한 구조물의 일부로 우리의 첫 방문인 2006까지만 해도 본래의 역할을 묵묵히 수행하던 진녹색의 철제 구조물이었지만그림3-19, 2007년 미술품으로 재탄생한 것이다. 2008년 Bilbao 시를 재 방문했을 때 빨간 색으로 한껏 치장한 다리의 모습이 조금 어색하기도 했지만, 바로 옆의 Tower와 함께 미술관의 부속물로서의 역할을 충실히 수행하고 있다.그림3-20

3-20 완성된 작품 측면에는 세로로 길게 LED조명이 설치되어있다.

좀더 자세히 살펴보면 Buren은 기존 다리구조물에 높이 57m의 수직적 판형을 세우고 여기서 수직 방향으로 세 개의 원을 도려냈는데, 판형의 맨 위와 아래의 절개 부분은 하늘과 강물로 연결되며 가운데 절개 부분으로는 도로가 관통하여 도심으로의 진입을 상징하는 게이트 역할을 하도록 하였다.

조형물의 빨간 외장은 초록색으로 도장된 다리에 대비하여 강조되고, 이 두 색상은 다시 Titanum 외장의 건물과 강물에 반사되어 은은한 색상을 만들어 낸다. 그림3-14, 3-20,21

특히 원형 절개부분의 측면과 수직판형의 측면에는 LED엘이디 조명이 설치되어 야간에는 다리 위를 달리는 자동차의 조명과 함께 수직방향과 원형의 불빛이 역동적 볼 거리를 제공하고 있다.

주3-1 Puppy는 New York출신 조각가 Jeff Koons(1955~)의 1992년 작품으로 꽃으로 장식된 강아지모양의 조각품이다.

원 작품은 나무를 재료로 했지만 Guggenheim Museum Bilbao의 야외소장품으로 재설치되면서 정교한 컴퓨터 작업을 통해 제작된 4m 높이의 Stainless Steel 뼈대로 바뀌었다.

때때로 바뀌는 외장 꽃장식은 18세기 정원을 상징한다고 한다.

3-21 Nervion강 건너편에서 바라본 미술관의 모습.
Tower와 Arcos Rojos가 조화를 이루고 있다.

The City of Bilbao

3-22 Spain과 인접 국가를 포함한 유럽지도. Bilbao시의 위치가 표시되어있다 ©

인터넷 사전 Wikipedia위키피디아의 설명에 따르면, Bilbao시는 북부 Spain에 위치한 도시로 Spain과 France의 경계에서 얼마 떨어지지 않은 Basque자치구의 가장 큰 도시이다.그림3-22 Iberia이베리아 반도 중에서도 북쪽 바다에 면해있는 Bilbao는 해상, 도로, 그리고 항공의 요지로 Spain 뿐만 아니라 유럽 내에서도 중요한 역할을 담당하던 도시였다.

최근 Bilbao 시는 도시활성화 사업의 성공적 결과에 힘입어 한때 도시의 주요산업이었던 선박, 철강 산업에서 벗어나 관광과 서비스업을 주된 수입원으로 도시의 옛 영광을 다시 찾기 시작하고 있다. Guggenheim Museum Bilbao이 Bilbao Effect빌바오 이펙트: 빌바오 효과라고도 불리는 이 성공에 가장 큰 역할을 했다는 데는 이의를 제기하기 어려울 것이다. 1997년 이전의 10만 여명에 불과했던 Bilbao 시 방문객은 Guggenheim Museum Bilbao의 개관 이후 놀랄 만큼 증가하여 현재 연평균 80만 여명 이상이 이 도시를 찾고 있으니 말이다.

Guggenheim Museum Bilbao의 성공은 단순한 미술관 자체의 흑자 운영을 의미할 뿐만 아니라 정부의 세수 증가, 연관 분야(호텔, 레스토랑 등)의 발전, 그리고 궁극적으로는 실업률 감소와 소득증대 등 전체적인 Basque 지역경기의 부흥을 의미한다. 비슷한 시기에 문을 열었던 유럽의 미술관이나 기타 공익을 목적으로 한 신축 건물들이 예상했던 수익을 올리지 못해 문을 닫거나 적자를 면치 못하고 있다는 점을 상기하면, Guggenheim Museum Bilbao의 성공이 특별히 빛을 발한다. 그러나 단지 Guggenheim 이라는 브랜드 효과와 독특한 건물 디자인을 내세운 Guggenheim Museum Bilbao가 Bilbao Effect의 모든 것이라고 보는 시각에도 무리는 있다.

Bilbao 시를 비롯한 Basque 자치구의 과감한 투자와 체계적인 도시활성화 사업이 없었다면 Guggenheim Museum Bilbao 역시 실현될 수 없었기 때문이다. 주3-2

이미 제2부에서 언급했듯이 Guggenheim Museum Bilbao 건립을 위해 Bilbao 시는 건립 가능성조차 의심될 정도로 과감했던 FOG/A의 디자인을 흔쾌히 수용하고, 당시 재정 상태로는 예상하기 어려운 수준의 막대한 투자를 결정하였다.

3-23 Bilbao Effect의 주역인 Guggenheim Museum Bilbao

구체적으로 Guggenheim Museum Bilbao의 건립을 위해 FOG/A에 미화 $1,210만, IDOM에 미화$640만, 공사비용으로 미화$1억, 부지매입비용에 미화$990만을 투자했고, SRGF에 로열티를 포함해 미화$2,470만, 미술관 초기 운영비로 미화$3,000만, 그리고 소장 미술품 구입에 미화 $4,450만 등, 원활한 미술관 운영을 위해서도 상당한 비용을 지출하였다.

더욱이 Bilbao 시는 Guggenheim Museum Bilbao의 개관 외에 도시활성화 사업의 일환으로 지하철 노선과 공항의 신설을 포함한 도시 인프라를 새로 정비하고, 도시 전체에 거쳐 첨단 디자인의 건물이나 오브제를 신설하거나 기존의 문화시설들을 재정비하며, 신흥지역을 개발하는 등 명실상부한 복합 문화도시로의 재탄생을 위해 노력하였다. Bilbao 시의 이러한 체계적이고 적극적인 노력의 결과는 꾸준한 관광객의 증가와 지속적인 도시발전을 야기하는 기초가 되었음에 틀림없다.
다음에서는 Guggenheim Museum Bilbao를 찾은 방문객에게 Bilbao 시가 야심차게 준비한 문화 시설과 도심 오브제를 소개하고, Spain 여행 시 도움이 될 수 있는 여행 정보와 Bilbao시의 교통정보, 식당 등에 대해서도 간단히 정리해 실제 Bilbao를 방문하는 독자에게 도움이 될 수 있도록 한다.

주3-2

Guggenheim Museum Bilbao의 개관 4개월 전 Gehry는 그의 지인과 세계 유명인사들을 완공을 앞둔 미술관에 초대하였다. 이 중 다수의 건축가들은 놀라운 건축물을 보고 'Will I ever design something this good?이런 건물을 나도 디자인 할 수 있을까?' 혹은 'Will I ever find such a client?이런 의뢰인이 또 있을까?' 라며 Gehry의 디자인과 함께 그의 의뢰인인 Bilbao시를 부러워했다. 이에 Portugal포르투갈 출신의 세계적 건축가 Alvaro Siza알바로 시자는 'Maybe you can only have this in Spain. The Spanish ask for things. They have a big wish for new things.스페인에서만 가능한 일이네. 스페인 사람들은 뭔가 '물건'이 될만한 것을 원하지. 새로운 것을 갈망한다네.' 라고 답했다. 예술을 사랑하고 과감한 도전을 즐기는 스페인 특유의 국민성이 있었기에 Guggenheim Museum Bilbao이 가능했음을 피력하는 의미있는 일화이다. *by 1997년 10월 Architectural Record지*

Bilbao
Art in
300

3-24 Plaza에 대충 걸어놓은 듯 보이는 Guggenheim Bilbao Museoa 현판

미술관/박물관

Guggenheim Museum Bilbao는 대부분의 관광객이 이 도시를 찾는 가장 큰 이유지만, 700년 역사의 고도인 Bilbao는 이에 뒤지지 않게 여행객의 흥미를 끌 만한 수준 있는 미술관이나 박물관을 갖추고 있다. Guggenheim Museum Bilbao만을 볼 목적이라면 Bilbao 시를 당일치기로 방문해도 무방하지만, 여정이 허락한다면 하루 정도 머물면서 한적한 고도의 뒷골목을 걸어보고, 취향에 맞는 미술관을 여유롭게 찾는 것도 좋을 경험이 될 것이다.

추천할 만한 Bilbao 시내 미술관 및 박물관은 다음과 같다.

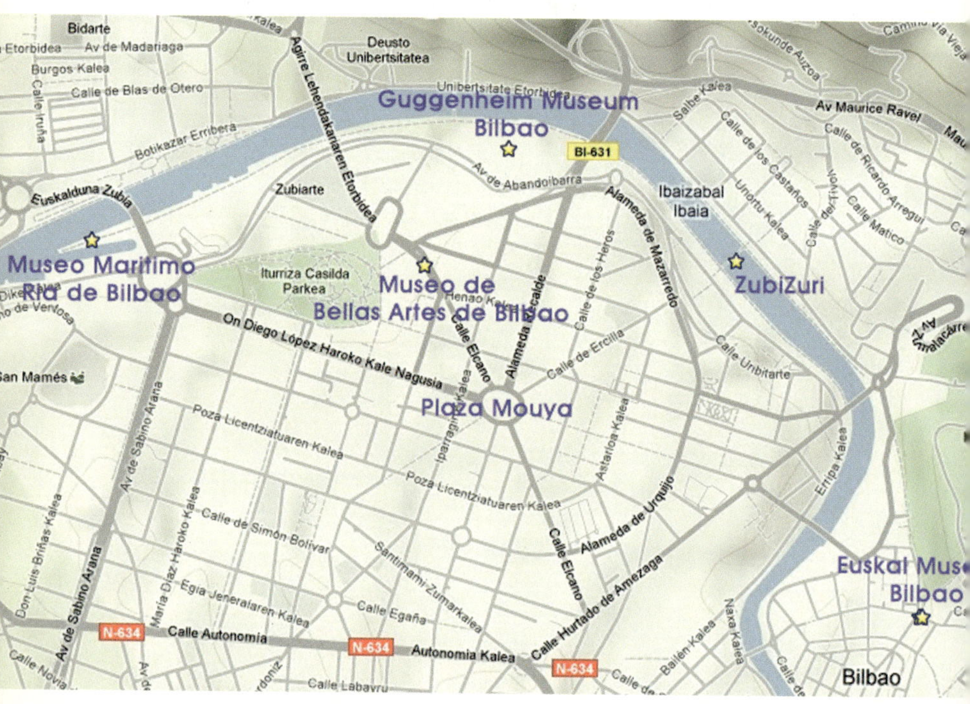

3-25 Bilbao시내의 주요 미술관들의 위치 on Google Map

3-26, 27 새단장을 마친 Museo de Bellas Artes de Bilbao/ Museo Marítimo Ría de Bilbao
3-28, 29 Euskal Museoa Bilbao ©

Fine Art Museum Bilbao파인 아트 뮤지엄 빌바오(Museo de Bellas Artes de Bilbao뮤제오 데 벨라 아르테 데 빌바오):

Museo de Bellas Artes de Bilbao 빌바오 순수미술관 는 Guggenheim Museum Bilbao인근의 Doña Casilda Iturrizar Park도냐 까실다 이투리사르 파크 내에 위치한 미술관이다. 12세기 작품부터 현대 미술까지 6,000여 점에 이르는 그림, 조각 등의 미술품을 소장하고 있다. 2001년 리노베이션 공사를 마치고 재오픈하였다.그림 3-26

주소: Plaza Museo, 2, Bilbao

웹사이트: www.museobilbao.com

Marintime Museum마린타임 뮤지엄(Museo Marítimo Ría de Bilbao 뮤세오 마리티모 리아 데 빌바오):

Museo Marítimo Ría de Bilbao빌바오 해양 박물관 는 방파제를 포함한 외부 전시와 Bilbao 인근 항구와 주변 강의 문화, 역사적 자료를 전시하는 실내 전시로 구성되어있다. 각종 선박과 Euskalduna에우스칼두나 조선소와 Nervion 강에 관한 설명을 함께 볼 수 있다. 그림3-27

주소: Muelle Ramón de la Sota, Bilbao

웹사이트: www.museomaritimobilbao.org

Basque Museum바스크 뮤지엄(Euskal Museoa Bilbao에우스칼 뮤제오아 빌바오):

Euskal Museoa Bilbao바스크 뮤지엄는 Bilbao 시내 Casco Viejo까스코 비에호(Old Quarter올드 쿼터: 구시가)지역에 위치하고 있는 역사박물관이다. Biscay의 역사와 Basque지역의 문화인류학적 자료들이 전시되어있다.그림3-28, 29

주소: Plaza Unamuno, 4, Bilbao

웹사이트: www.euskal-museoa.org

다리

Bilbao시를 남북으로 관통하여 바다에 이르는 Nervion강은 대규모의 물류이동이 가능하게 하여 이 도시의 산업발전에 중요한 역할을 담당해왔다.

72km에 이르는 Nervion 강의 수로 중 Bilbao시를 지나는 마지막 20km 구간은 특히 하역을 위한 각종 설비가 갖춰진 물류의 요지이자, 도시의 확장에 따라 생겨난 구/신시가지 간을 연결하는 주된 통로이기도 했다.

Nervion강에는 오랜 역사를 갖는 Saint Aton Bridge세인트 아톤 브리지나 현대적 디자인으로 신설된 Footbridge풋브리지:인도교 들, UNESCO유네스코에 등록된 세계 최초의 Hanging Transporter Bridge행잉 트렌스포터 브리지:운반교인 Vizcaya Bridge비스카야 브리지를 비롯한 여러 개의 일반 교량이 있다.

이 중 다른 도시에서는 보기 어려운 기능이나 디자인을 갖는 특별한 다리는 다음과 같다.

Zubizuri수비수리, **혹은 Puente del Campo Volantin**뿌엔테 델 깜포 볼란틴: Campo Volantin Bridge깜포 볼란틴 브리지:

1997년 개통된 Zubizuri는 Nervion강을 가로질러 Uribitarte우리비타르테과 Campo Volantin 강변을 연결하는 보행자 전용 다리이다. Basque어로 White Bridge화이트 브리지: 하얀 다리를 의미하는 Zubizuri는 하얀색을 즐겨 쓰는 Spain 출신 구조 건축가 Santiago Calatrava가 설계한 다리이다.

3-30 Bilbao 구 도심을 배경으로 아름다운 Zubizuri의 모습

3-31 다리 하중을 견디도록 특별히 디자인된 강변의 Platform과 곡선의 Arch와 Deck

앞에서도 잠시 언급되었지만, 이 다리는 Guggenheim Museum Bilbao, Bilbao Metro역과 함께 Bilboa 도시활성사업의 대표 Project 중 하나로, 특히 Nervion 강변을 따라 걷다 보게 되는 Guggenheim Museum Bilbao를 배경으로 한 Zubizuri의 모습은 매우 우아하고 아름답다. 그림3-30, 1-1, 8,9

Zubizuri는 그냥 보기에도 세련된 디자인의 다리이지만 그 특징을 좀더 자세히 알면 더욱 매력적인 다리이다.

우선 그림3-31, 다리 하부의 사진으로 다리를 구성하는 기본 구조를 살펴보면, 우선 이 다리는 계단과 램프로 사용되는 양쪽 강변의 Platform 플랫폼, 보행자가 걸어 다니는 보행 면인 Deck 데크, Platform 과 연결된 Arch 아치, 그리고 Deck 와 Arch 를 이어주는 Cable케이블들로 구성되어 있음을 알 수 있다.

보통의 다리와 구별되는 Zubizuri의 구조적 특징은 다리의 하중을 지지하기 위해 일반적으로 설치하는 교각이 없다는 것이다. Zubizuri는 교각 대신 Arch 를 사용한 Arch Bridge의 일종으로, Arch의 양끝과 Deck 의 뼈대에 해당하는 Deck 축을 강변에 설치된 Platform 위에 얹어 놓은 것이 특징이다.(그림3-31에서 생선뼈 모양의 Deck 축을 볼 수 있다.)

이때 Deck의 하중은 Cable을 이용해 Arch로 전달되고, 이후 Arch에서 Platform으로 전달되는데 Platform과 Arch의 연결 부위에는 Arch의 움직임을 조정하는 내부구동 장치가 설치되어있다. 복잡해 보이지만 놀이터에 있는 그네가 두 개의 Platform 위에 얹어 있은 모습을 연상하면 그 구조를 이해하기 쉬울 것이다. 물론 이를 실제 다리로 구현해 낸 Calatrava의 정밀한 구조 설계가 단연 돋보인다.

Calatrava의 구조 건축가로서의 면모는 알고 볼수록 흥미로운데, 가령 이 다리에서 Calatrava는 전체의 하중을 처리하는 구조물인 Platform을 계단과 완만한 경사램프로 이중화함으로써, 계단이 불편한 보행자를 위한 기능적 측면을 고려했을 뿐만 아니라 Arch와 Deck에서 시작된 곡선을 Ramp램프에서 자연스럽게 마무리하는 디자인 요소로서의 역할도 함께 수행하도록 설계하였다. 그림3-32

3-32 구조적, 기능적, 디자인적으로 중요한 구성요소인 Zubizuri의 Platform

Zubizuri가 매력적인 또 다른 이유로 실제 다리를 직접 걸어봐야만 실감할 수 있는 일종의 착시현상을 들 수 있다. 이는Deck과 Arch의 곡면 때문에 생기는 현상인데, Deck 위에서 직접 촬영한 사진그림3-33 과 Google구글 위성사진으로 확대한 Zubizuri의 평면그림3-34을 비교해 본다면 이해가 용이할 것이다.

3-33 Deck를 대각선으로 가로지르는 듯 보이는 Arch와 유리블록으로 마감된 Deck

그림3-33처럼 실제 Zubizuri 위에 올라보면, 비스듬히 서있는 Zubizuri의 Arch가 Deck를 대각선 방향으로 가로질러 설치된 것처럼 보인다. 그러나 사실 Zubizuri는 Deck가 활처럼 살짝 휘어진 곡면을 형성하고 있을 뿐 Arch는 Deck의 남동 쪽의 한 쪽 방향에만 설치되어 있다.**그림3-34 화살표 참조**

3-34 위성으로 본 Zubizuri 다리 on Google map

두 사진 사이의 이러한 차이는 Deck 자체가 살짝 휘어진 곡면이면서 Arch도 기울기를 갖는데다가, Cable이 서로 교차하며 이 둘을 연결하기 때문에 생기는 착시현상으로 생각된다. 구조적으로 중요한 내용은 아니지만 중첩된 곡선과 사선이 만들어내는 효과로, 사진으로는 느끼기 힘든 Site사이트의 현장감이 주는 묘미라고 할 수 있다.

Zubizuri를 직접 걷게 되면서 느끼는 새로운 경험은 바닥의 유리블록마감재가 주는 특이한 느낌인데, 다음 에피소드들을 함께 떠올리며 걷는다면 더욱 재미있다.

Zubizuri는 보행전용 다리인 만큼 푸른 빛의 유리 블록으로 Deck를 마감되어 보행자가 마치 물 위나 구름 위를 걷는 듯한 특이한 경험을 갖도록 배려되었다.그림3-33 헌데, 이 유리블록재가 설계자의 좋은 의도와는 달리 비 오는 날이면 미끄러워 실제 낙상사고의 원인이 되고, 또 쉽게 깨지는 등 유지관리에 문제가 있음이 드러났다.

우리가 방문했던 시기에는 좋은 날씨덕분인지 미끄럽다는 것을 실감하지는 못했지만, 이 문제는 설계상의 오점으로 계속 지적되고 있어 Zubizuri를 좋아하는 많은 사람들을 안타깝게 하고 있다. .

3-35, 36 소송까지 갔던 Isozaki Atea Tower와 Zubizuri 사이를 연결하는 램프 ©

한편, Zubisuri는 Bilbao시와 소송에 휩싸이기도 했는데, 그 경위는 다음과 같다. 2007년 Zubizuri 남측에 Isozaki Atea Tower이소자키 아테아 타워가 건설되면서, 이 건물과 Zubizuri를 직접 연결하는 램프그림3-35,36설치문제를 놓고 Zubizuri의 원 설계자인 Calatrava와 현 소유자인 Bilbao시 간 소송이 발생한 것이다.

Calatrava는 램프 설치에 따라 다리의 일부가 변형되는 것을 문제 삼아 다리설계에 대한 디자인 저작권 침해를 주장하였고, 현재 다리의 소유자인 Bilbao시는 이에 대응하여 유리블록을 포함한 디자인적 결함을 비판하며 램프설치권한을 주장한 것이다. 2009년 법정은 Calatrava의 설계에 대한 저작권을 인정하여 € 30,000를 지급하도록 하는 한편, 이미 설치가 끝난 추가 램프는 그대로 두게 하여 양 측의 손을 모두 들어주는 판결을 내렸다. 작은 사건일 수도 있지만 아름다움을 추구하는 설계자와 기능을 중시하는 소유주의 의견 중 무엇이 과연 현명한 선택일지 생각해 보며 다리를 걷는다면 좋은 경험이 될 것이다.

3-37 강 양끝편의 타워 사이 다리에 매달려 있는 Gondola를 이용해 이동하는 다리 ©

Puente Colgante뿌엔테 콜간테 :Vizcaya Bridge:

Nervion강을 가로지는 Vizcaya Bridge는 1893년 Bilbao 인근 Portugalete포르투갈레테와 Las Arenas라스 아레나스를 연결하기 위해 만들어진 세계에서 가장 오래된 Hanging Transporter Bridge이다. Hanging Transporter Bridge란 다리 양 끝에 설치된 타워형태의 높은 첨탑 사이를 케이블 카처럼 철줄에 매달린 Gondola곤돌라가 정기적으로 운행하며 짐과 사람을 운송하는 다리를 지칭한다. 그림3-37

Vizcaya Bridge는 Paris Eiffel Tower파리 에펠 타워를 설계한 Gustave Eiffel 구스타프 에펠의 제자인 Alberto Palacio알베르토 팔라시오가 설계한 것으로, Eiffel Tower를 연상시키는 50m 높이의 첨탑 사이 164m 구간을 Gondola가 8

3-38,39 자동차와 사람을 태우고 운행중인 Gondola ©

분 간격으로 운행하며 차와 사람을 운송한다.그림3-38,39 Vizcaya Bridge는 엘리베이터를 이용해 45m 높이에 위치한 보행교를 걷거나, Godola를 타고 직접 운송교를 건너는 체험기회가 제공된다. 이 다리는 최초의 Hanging Transporter Bridge이자 Bilbao의 조선철강 전성기에 바다와 가까운 곳에 위치하여 빈번한 물류수송에 이용되었던 역사적, 사회적 의미를 인정받아 2006년 UNESCO의 세계문화유산으로 등재되었다.

주소: Barria street, 3, Areeta - Getxo

웹사이트: www.puente-colgante.com

그 밖의 흥미로운 Project

Abandoibarra Project:

Abandoibarra Project는 Bilbao Ria 2000의 주도 하에 Guggenheim Museum Bilbao 동쪽의 345,000m² 넓이의 낙후 지역인 Abandoibarra에 도시재건사업의 일환으로 진행 중인 개발 Project이다.

이 지역은 Bilbao의 전성기 시절 Euskalduna 조선소와 RENFE렌페: 스페인 철도회사의 창고지로 활용되던 지역이었으나, 이 Project를 통해 향후 Bilbao의 새로운 중심지로 자리잡을 것으로 기대된다.

Abandoibarra 지역은 Cesar Pelli의 마스터플랜에 따라 친환경을 앞세운 Bilbao 시의 새로운 문화중심지를 목표로 삼고 있다.

이를 위해 5성급 Sheraton Hotel쉐라톤 호텔과 Robert Stern로버트 스턴의 Zubiarte Shopping Centre수비아르테 쇼핑 센터가 24시간 운영되는 것을 비롯하여, 높이 165m에 이르는 Cesar Pelli의 Iberdrola Tower이베르드롤라 타워, Rafael Moneo라파엘 모네오의 Biblioteca Universidad de Deusto비블리오테카 유니베르시닷 데 두에스토: 두에스토대 도서관, Alvaro Siza의 Paraninfo UPV파라닌포 유피비, 그리고 주거용 건물 등 쟁쟁한 디자이너의 건축물들이 이미 완공되었거나 완공을 앞두고 있다.

뿐만 아니라 Guggenheim Museum Bilbao와 the Euskalduna Conference Hall에우스칼두나 컨퍼런스 홀에 이르는 1km의 강변을 포함한 약 200,000m² 넓이의 지역에는 녹지와 공원이 계획되어 있다. 그림3-40

3-40 2015년 경의 Abandoibarra 구역의 예상도. 가운데 높게 솟은 건물이 Cesar Pelli의 Iberdrola Tower이고 주변 녹지의 왼편으로 Guggenheim Museum Bilbao이 보인다.

3-41 Cesar Pelli의 Iberdrola Tower 2010년 1월의 모습. 2011년 완공예정 ©

Bilbao의 대중교통

Bilbao 시의 대중교통수단은 Bilbobus빌보부스로 불리는 Bus, 지하철인 Metro Bilbao메트로 빌바오, 그리고 앞에서 잠깐 소개된 EuskoTan에우스코 트란, 즉 Tram트램의 세 가지 서비스를 들 수 있다.

이 세 가지의 대중교통 네트워크는 다시 광역버스인 Bizkaibus비즈카이부스, 또는 Renfe, Eusko Tran, FEVE페베 등 기차, 그리고 항공기와 연계되어 Bilbao 시내뿐 아니라 Basque지역 및 Spain 전역으로 연결된다. 여기서는 지역 서비스를 제공하는 버스, 지하철, 그리고 공항과 Tram에 대해 살펴볼 것이다.

유럽의 여타 도시와 같이 Bilbao 시는 단기 관광객의 편의를 위해 대중교통을 정액제로 이용할 수 있고 각종 문화시설의 할인을 제공하는 Bilbao Tourist Card빌바오 투어리스트 카드를 판매하고 있다.

Bilbao Card는 1일, 2일, 3일간 사용할 수 있는 세 가지로 각 €6, 10, 12에 판매하고 있으며, 판매 장소는 Plaza Ensanche플라사 엔산체, Bilbao 공항 출국장, Abandoibarra Etorbidea아반도이바라 에토르비데아에 위치한 3곳의 Bilbao Turismo Office빌바오 투리즈모 오피스에서 판매한다.

Bus

빨간 색으로 칠한 Bus에 하얀 색으로 Bilbobus라고 써 있는 Bilbobus그림 3-42는 28개 주요 노선과 소형 버스가 다니는 8개의 부속노선으로 이루어져 있다.

Bilbobus의 노선도와 정류소에 대한 안내는 Bilbobus의 운영을 맡고 있는 Veolia베올리아사의 홈페이지에서 제공하고 있으며, 대략의 노선도는 버스승강장에 표시되어있다.

Bilbobus를 타기 위해서는 버스에서 직접 요금(€1.15)을 지불하거나, 우리나라의 교통카드와 유사한 Creditrans Travelcard크레딧트랜스 트래블카드(€

3-42 Bilbobus 56번의 사진 ©

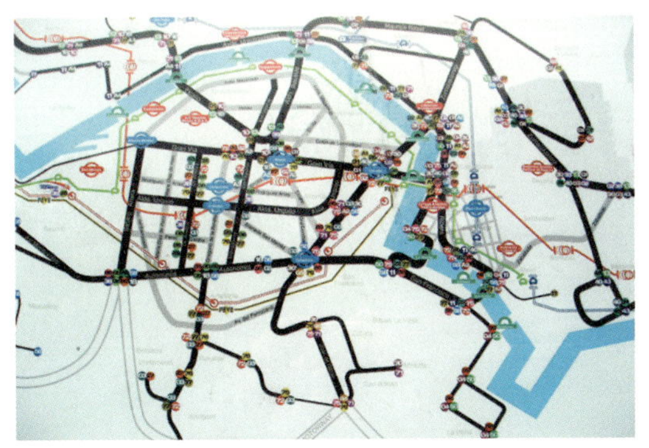
3-43 Bilbao Bus노선도 일부

5,10,15 정액), 혹은 Bilbao Tourist card 를 이용할 수 있다. 시외버스는 시내 서쪽에 위치한 TermiBus Terminal테르미버스 터미널에서 출도착한다.그림3-2 버스를 이용해 Guggenheim Museum Bilbao에 도착하려면 어느 방향에서 접근하더라도 Plaza Moyua 인근에서 하차하는 것이 가장 용이하다.

지하철

앞에서 여러 번 언급되었듯이 Metro Bilbao는 오랜 준비기간을 거친 도심 공공인프라 구축의 일환으로 1995년 공식적인 운행을 시작했으며, 현재는 Line 1과 2의 2개 노선이 운행 중이지만 곧 노선 연장과 3개 노선의 신설로 더욱 확장될 계획이다.그림3-44

기본적으로 Metro Bilbao는 거리에 따라 3개의 Zone존으로 나뉘어 있으며, 일회용 티켓인Occasional 오케이셔널(Zone1: €1,40), 왕복 티켓인 Round Trip라운드 트립(Zone1: €2,80), 1일권 Billete Día빌렛테 디아(€4) 등의 다양한 티켓이 판매되고 있다. 이 역시 Creditrans Travelcard, 혹은 Bilbao Tourist Card로 탑승할 수 있다.

Metro Bilbao1988년 공모전을 통해 당선된 영국의 Norman Foster경이 디자인 한 현대적인 역사 및 지하철 입구는 Bilbao시의 공공 인프라의 개

3-44 Metro Bilbao의 노선 ©

3-45,46 Metro Bilbao의 Fosteritos 외부와 내부

3-47 Mezzanine을 매단 형식으로 구성된 Platform ©

선을 의미하는 아이콘 역할을 하고 있다

특히 Norman Foster의 이름을 딴 지하철 입구인 Fosteritos포스테리토스는 유리와 Stainless Steel로 만들어진 부드러운 곡선의 모던한 디자인으로 현대적 디자인의 역사 내부와 잘 어울린다는 평을 받고 있다.그림1-4,5, 그림 3-45, 46

Metro Bilbao의 역사는 발권과 지하철의 승하차가 위아래의 한 공간 안에서 이루어지는 독특한 공간 구성을 갖고 있다. 즉 그림3-47처럼 Stainless Steel바를 이용해 철로 바로 위에 Mezzanine메자닌 구조물을 매달아, 매표를 끝낸 승객이 Platform을 내려다 보면서 Platform에 진입할 수 있도록 되어있는 것이 특징적이다.

이 밖에도 Metro Bilbao는 창의적인 좌석 시스템과 로고 디자인 등으로 다수의 디자인상을 수상한 바 있다.

3-48 Uribitarte 강변을 지나는 EuskoTran ©

Tram

Basque 지역에는 이미 1872년 최초의 트램인 Las Arenas라스 아레나스을 시작으로, 1876년에는 전기로 움직이는 전차가 최초로 운행되는 등 오랜 동안 Tram이 운행되고 있었다. 이후 100여 년간 몇 차례의 변화를 거친 끝에 드디어 2002년 친환경 대중교통수단을 상징하는 초록색의 EuskoTran의 운행이 시작되었다.

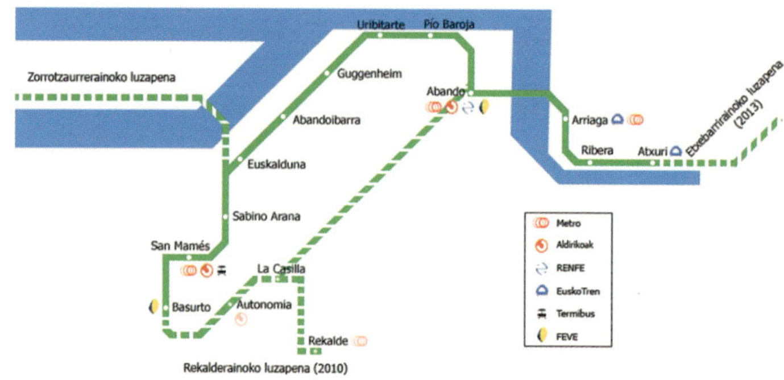

3-49 Euskotran의 노선 ©

EuskoTran은 향후 Bilbao시내를 순환하는 노선을 목표로 현재는 Atxuri 앗수리역에서 Basurto바수르토역까지 제한적으로 운행되고 있다. 하지만, 현재 노선만으로도 Abadoibarra 구역을 비롯해 San Mamés 산 마메스 축구 경기장, Guggenheim Museum, Euskalduna Palace에우스칼두나 팔라세 등 도심 내의 주요 관광포인트를 다수 포함하는 황금노선을 자랑하고 있다. 그림3-49

공항

Bilbao Airport는 Bilbao도심에서 10여km떨어져 있는 국제공항으로 London을 비롯한 유럽의 대도시, 그리고 Spain 내 여러 도시와 연결되어 있다.

Loiu로이우에 위치한 이 공항은 Basque 지역의 가장 중요한 국제공항이며, 2000년 개장한 새 공항청사는 Santiago Caltrava가 설계한 것으로 독특한 디자인을 자랑한다.

신 공항의 디자인은 가운데 날카로운 부리를 갖는 대칭되는 날개모양을 하고 있는데, 흡사 제비나 박쥐를 연상시킨다. 때문에 이 건물은 비둘기(Dove도브)라는 뜻의 Spain어 La Paloma라 팔로마라는 별칭을 가지고 있다.

Calatrava 건물의 특징인 하얀 콘크리트로 마감된 외관은 낮은 2개 층으로 구성되어있는데 주변 경관과 어우러져 나즈막한 언덕처럼 느껴지기도 한다. 그림1-6,7, 3-50

사실 신공항은 개장 직후 '향후의 증축이 어려운 디자인'이라거나 '좁고 비효율적인 공간' 등의 좋지 않은 평가를 받아 구설수에 오르기도 했지만, 현재는 별다른 문제없이 증축이 진행되고 있다.

되려 높은 층고의 Open 구조인 내부공간 등 구조물을 이용한 독특한 Calatrava의 공간구성이 호의적으로 재평가되고 있다.그림3-51,52 공항에서 미술관까지는 택시를 이용하거나 30분 간격으로 운행하는 Bizkaibus 3247번을 타고 Plaza Moyua에서 하차면 된다.그림3-53,54

12
12% TAE
a 6 meses

3-50 Bilbao Airport의 외관. 좌측에 주차공간이 지형과 어울려 배치되어있다.

3-51 Bilbao Airport의 내부

3-52 구조물을 노출해 디자인에 그대로 이용하여 구조건축가의 특징을 잘 살린 내부.

3-53 Bilbao Airport의 외관. 1층 외부에는 도심으로 향하는 Bizkaibus정류소가 보인다.

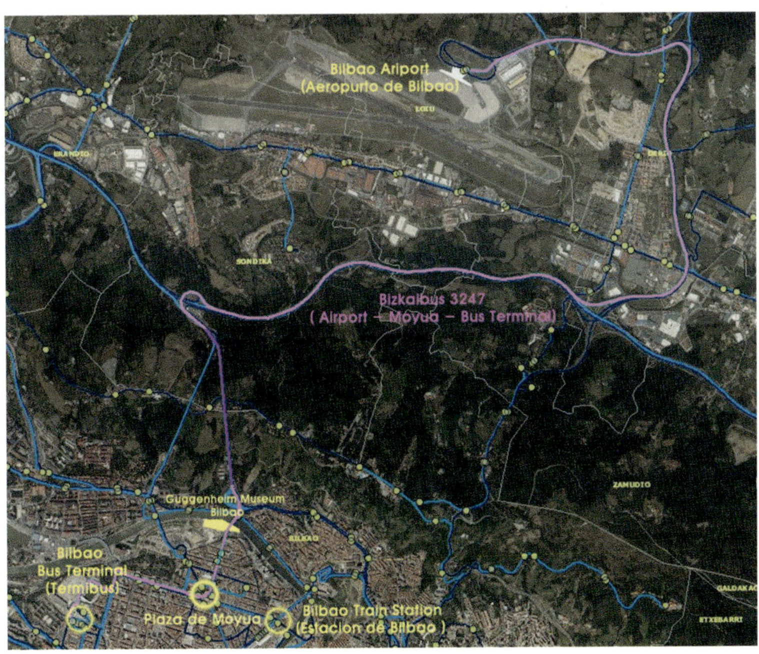

3-54 Bizkaibus 3247의 노선도 (공항-Mayua광장-버스터미널) on Bizkaibus route map

Bilbao의 레스토랑, Bar

Basque 지방은 Spain내에서도 독특한 음식문화를 자랑하는 미식의 지방으로 알려져 있는 만큼 Bilbao에서는 Basque 특성을 드러내는 맛있는 음식을 맛볼 기회를 가져보는 것도 좋을 듯싶다.

Bilbao를 방문하기 전에 우선 Bilbao를 비롯한 Spain 음식 문화의 특징을 이해하는 것이 기본일 것이다.

개인적인 경험에 기초한 것이지만, Spain의 음식 문화에서 가장 특이한 점, 혹은 유의해야 할 사항으로 우리와는 다른 식사시간을 들 수 있다.

Spain의 식사는 7시~8시쯤 출근 길에 카페테리아에서 간단하게 커피(일반적으로 우유를 탄 커피인 Café con Leche카페 콘 레체와 크로와상 등을 함께 먹는 것으로 시작된다. 점심 식사는 1시쯤 시작하기 때문에(1시 이전에는 제대로 된 식사를 할 수 없다고 보는 것이 안전하다. 번화한 관광지 인근의 관광객을 위주로 한 식당에서는 물론 예외가 적용된다.) 아침과 점심시간 사이인 11시쯤 다시 커피를 곁들인 간단한 간식을 먹는 것이 일상적인 풍경이라고 한다.

점심은 Tapas Bar타파스 바르의 간단히 샌드위치 등을 선호하기도 하지만, 대부분의 레스토랑에서 제공하는 점심세트메뉴인 'Menu del Dia메뉴 델 디아 오늘의 메뉴' 를 먹는 것도 흔히 볼 수 있는 광경이다.

일반적으로 Menu del Dia는 야채요리인 Primer Plato프리메르 플라토: First Dish, 퍼스트디쉬를 시작으로 고기요리에 해당하는 Segundo Plato세군도 플라토:Second Dish, 세컨트디쉬, 그리고 디저트Dessert인 Postre포스트레의 3 Course코스로 이루어져 있다. 각각의 Course는 다시 익힌 채소나 샐러드, 육류나 생선요리, 그리고 케이크나 과일 등의 2, 3가지 요리 중에서 선택할 수 있으며, 보통 Pan빤: 빵과 Bebida베비다: 음료나 Vino비노: 와인를 포함하여 총 €10~15정도이다. **그림3-55** 푸짐한 3 course 식사를 비교적 저렴하게 맛 볼 수 있으므로 Menu Del Dia는 시간이 허락되는 날 반드시 경험하길 권한다.

3-55 식당은 매일 새로운 요리로 만든 Menu del Dia를 가격과 함께 게시한다.
(Barcelona Bar Ra에서 칠판에 흘려 써 놓은 Menu del Dia)

늦은 점심과 3,4시경의 Siesta[씨에스타: 낮잠]을 끝낸 후 본격적인 저녁식사는 보통 10시 이후에야 시작되므로(밤 10시 이전에는 역시 제대로 된 정찬을 먹기 힘들다.), 오후 6, 7시경 간단한 간식을 즐긴다. 와인을 곁들인 저녁식사는 밤늦도록 계속된다고 하니, Spain 사람들은 대단한 체력을 지닌 것 같다. 이에 비해 지치고 갈 길까지 바쁜 관광객인 우리는 이른 식사 시간에 텅빈 식당에서 어색한 식사를 하거나, 샌드위치나 과일 등의 비상 식량을 따로 준비했던 기억이 생생하다.

Bilbao는 인근의 San Sebastián산 세바스티안 지역과 함께 Spain에서도 알아주는 미식의 도시이다. Basque 지역 특색을 띤 전통 음식을 제공하는 레스토랑이나 유럽의 어떤 도시에도 뒤지지 않는 비싸고 고급스러운 레스토랑을 두루 갖추고 있는 것도 다양하고 선진적인 음식문화를 잘 수용하고 발전시켰기 때문이다.

바다가 가까운 Bilbao에서는 Salsa Vizcaina살사 비즈카이나: 적양파를 이용한 소스나 Al Pil-Pil알 필-필: 마늘소스 등으로 요리한 Bacalao바깔라오: 대구 요리와 참치를 주재료로 한 생선스튜인 Marmitako마르미타코가 유명하다고 하니 메뉴 선택 시 참고하는 것이 좋을 것이다.**그림3-56,57**

3-56 Bacalao Al Pil-pil

이제부터 제공하는 레스토랑과 Bar에 대한 정보는 직접 방문했거나 사전 조사내용을 정리한 것이므로, 개인 취향이나 여행일정에 따라 큰 견해 차이가 있을 수 있는 매우 제한적인 정보임을 미리 언급하고 싶다. 여행을 계획한다면 그 지역의 음식문화의 특징을 알고, 스스로 원하는 레스토랑을 결정할 것을 강력하게 권한다.

3-57 Bacalao를 손질하고 있는 모습

Guggenheim Museum Bilbao 방문 시 쉽게 방문할 수 있는 레스토랑으로는 미술관에서 직접 운영하는 Guggenheim Museum Restaurant구겐하임 뮤지엄 레스토랑이나 이보다 저렴한 카페테리아를 추천할 수 있다.그림3-58 이 밖에도 스타 쉐프가 운영하는 Etxanobe엣사노베나 Gehry가 가장 좋아한다는 El Perro Chico엘 페로 치코처럼 각종 음식 관련 사이트에서 추천하는 유명 레스토랑도 다수 존재한다.

3-58 Guggenheim Museum Bilbao Cafe

3-59 Tapas Bar에 진열되어있는 다양한 Pinchos ©

고급 레스토랑에서의 비싸고 느끼한 정찬이 부담스럽다면 특색있는 Tapas (혹은 Pinchos핀초스, Basque에서는 Pintxos핀토스)Bar를 찾는 것도 빼놓을 수 없는 Spain 여행의 기쁨이라 할 수 있다.

작은 접시에 나오는 안주 스타일의 음식(물론 우리의 음식문를 기준으로 한 표현이다.)인 Tapas와 술을 주로 판매하는 Tapas Bar는 Spain 어느 곳에서도 쉽게 찾을 수 있는 Spain 특유의 음식 문화이다.

Tapa는 뚜껑이나 덮개를 의미하는 Spain말로 그 유래에 대해서는 여러 설이 존재하지만, 아주 오래 전 조각 햄이나 빵 등으로 술잔의 위를 덮던 습관에서 유래한 것이라고 보는 것이 공통적인 견해이다. Basque지방에서는 Tapas를 통틀어 Pintxos라고 부르기도 하는데 Pinchos는 한 입에 먹을 수 있을 만큼의 음식(초밥이나 바게트 한 조각 정도)을 이쑤시개를 사용해 고정시켜 만들어진 Tapas의 일종이다. 그림3-59

3-60 멋지게 매달려 있는 Spain명물 Iberico Jamon과 각종 햄, 소시지

Tapas는 Jamon하몬으로 대표되는 각종 햄그림3-60, Queso케소: 치즈나 Oliva올리바: 올리브 등의 짭잘한 안주류부터 Tortilla토르티야: Spain식 Omelet오믈렛, Calamares Fritos칼라마레스 프리토스: 동그랗게 자른 오징어나 한치 튀김, Gambas al Ajillo감바스 알 아힐요: 마늘과 새우요리 등 다양한 재료와 요리법으로 만들어 작은 그릇에 담겨 나오는 요리까지 매우 다양하다. Spain 사람들은 하루 저녁 동안 여러 군데의 Tapas Bar를 찾아 다니며 각 Bar의 특색있는 Tapas로 식사를 대신할 정도라고 하니 Tapas가 Spain에서는 문화의 한 분야라고 보아도 좋을 듯 하다.(이를 Ir de Tapas이르 데 타파스:Tapas 순례라고 한다.)

특히 남자들의 음식모임인 Txoko초코가 존재할 만큼 일찍이 식도락을 즐기기 시작한 Basque 지방은 Tapas(Pintxos)가 다른 곳보다 훨씬 발달해 있다.

Bilbao에도 Pintxos Bar가 곳곳에 있지만, 구도심인 Casco Viejo지역의 Las Siete Calles라스 씨에테 카예스: Seven Streets세븐 스트리츠, 즉 c/de la Ronda카예 데 라 론다와 c/Pelota카예 펠로타 사이의 7개 골목에 작지만 독특한 Pintxos Bar가 몰려 영업하고 있으니, 이곳에서 Pintxos 체험을 시작하는 것도 좋을 것이다.

Tapas Bar에서는 보통 Bar에 준비된 Tapas를 죽 나열해 놓고 고를 수 있도록 했기 때문에 특별히 주문하는데 어려움은 없지만, 주로 쓰이는 식재료를 Spain어로 알고 가는 것도 여행의 편의를 위해 여러모로 좋을 것이다. 그림3-61

이런 기본적인 상식을 갖고 있다 하더라도 낯선 여행지에서 익숙하지도 않은 음식 문화를 직접 접한다는 것은 어려운 숙제일 수 있다. 이 도전을 재미난 경험으로 만들기 위해서 무엇보다 사전조사가 필수적인 이유가 바로 여기에 있다. 사실 Bilbao는 모든 자료에 등장할 만큼 큰 도시가 아니어서 접할 수 있는 정보도 한정적이지만, 경험으로 볼 때 영어로 되어있긴 하지만 DK출판사에서 출판하는 유명한 여행책자인 Rough Guides러프 가이드나 Lonely Planet로운리 플레닛의 웹 사이트, Bilbao시에서 운영하는 공식 사이트 www.bilbao.net 등에서 유용한 정보를 얻을 수 있다. Spain 음식문화에 대해서는 김문정씨의 '스페인은 맛있다'에도 자세하고 재미나게 설명되어있다.

Verdura베르두라: 야채

Tomate토마테: 토마토 Col콜: 양배추 Berenjena베렌헤나: 가지

Cebolla쎄볼라: 양파 Patata파타타: 감자 Pepino페피노: 오이

Fruta프루타: 과일

Platano플라타노: 바나나 Uva우바: 포도 Pera페라:배

Manzana만사나: 사과 Naranja:나란하: 오렌지 Freson프레손: 딸기

Pescado페스카도: 생선

Calamar칼라마르:오징어 Bacalao바칼라오: 대구 Atun아툰:참치

Gamba감바: 새우 Almeja알메하:조개

기타

Jamon하몬: 돼지뒷다리 햄 Tortilla토르티야: 오믈렛 Tarta타르타: 케이크

Vino Blanco비노 블랑코: 화이트 와인 Vino Tinto비노 틴토: 레드 와인

Pan빤: 빵 Ensalada엔살라다: 샐러드 Bistec비스텍: 스테이크

Cerdo세르도(Jabali하발리): 돼지 Buey부에이: 소 Pollo포요: 영계

3-61 기본적인 음식관련 Spain어

제 4 부
곡면의 건축들

제1장 The Great Fish of Barcelona

제2장 EMP

제3장 Sydney Opera House

제4장 Gaudí의 건물들

4-1 Hotel Art 앞 광장에 위치한 The Great Fish of Barcelona.
하얀 구조물이 나뭇가지처럼 뻗어 있다.

The Great Fish of Barcelona
Barcelona, Spain, 1989~1992

지하철 Vila Olympica빌라 올림피카역(혹은 Ciutadella씨우타데아 역)에서 빠져나오면 상큼한 바다내음이 가까이에 바다가 있음을 실감케 한다. 우리가 찾고 있는 The Great Fish of Barcelona는 45층의 Hotel Art오텔 아르트건물 앞 광장에 세워진 물고기 모양의 조형물이다.

Barcelona 남동 해안가는 지중해와 아름다운 모래사장으로 일찍부터 Spain의 대표적 휴양지 중 하나이다. Barcelona 하면 'Gaudí, Picaso, Miro미로의 고향'이자 '예술의 도시' 등이 떠오르지만, 유럽 각지의 휴양객이 몰려드는 아름다운 바닷가도 빼놓을 수 없는 Barcelona의 자랑거리이다. 이 지역은 1992년 Barcelona Olympic 개최를 기해 수상경기를 위한 각종 시설과 선수촌, 그리고 약 14,000m^2 150,000ft^2 규모의 상업단지로 재개발 되었다. 특히 우리가 향하고 있는 Olympic선수촌에 해당하는 Vila Oyimpica 해변은 줄지어 늘어선 해산물 음식점과 Olympic Port올림픽 포트에 정박되어있는 요트들이 지중해를 배경으로 이국적 경관을 연출한다.그림 4-2

4-2 해변을 배경으로 서있는 The Great Fish of Barcelona의 모습

건물 모퉁이를 돌아서면 푸른 하늘과 파도를 배경으로 물고기 모양의 조형물, The Great Fish of Barcelona가 한눈에 들어올 것이다. 수평선을 향해 뻗은 유선형의 몸매와 하늘로 날아갈 듯 역동적인 날개짓, 그리고 지중해의 강렬한 햇살을 받아 보석처럼 빛나는 오묘한 금색자태가 여간 범상치 않다. 이 물고기는 길이 약54.9m180ft, 높이 약 35m115ft 라는 규모를 느끼기도 전에 이렇게 시선을 압도한다.

광장을 돌며 시선에 따라 변화하는 거대한 곡선의 물결을 즐겨보자. 가까이 다가가면 정교하게 짜인 바구니 형상의 물고기가 나뭇가지 같은 흰색 철골 구조물에 살짝 얹어지듯 놓여있는 모습도 흥미롭다. 반짝이는 물고기의 비늘처럼 보이던 외피는 금속띠를 바구니처럼 엮은 것인데, Stainless Steel 재질이라지만 간섭패턴Interference Pattern인터피어런스 패턴코팅을 입힌 덕분에 작열하는 햇살과 아름다운 조명에 따라 오색의 영롱함을 뽐낼 수 있다.그림4-1,3

The Great Fish of Barcelona는 알려진 대로 21세기 대표적 건축가 Frank O. Gehry의 작품이다. Gehry의 디자인적 특징을 잘 드러내는 이 작품은 그의 이후 건물에 직접적인 변화를 일으킨 전환점이 되었다는 사실로 더욱 가치가 빛난다.

FOG/A는 이 작품에서 처음으로 컴퓨터를 디자인 과정에 도입했으며, 여기서 얻어진 Digital 데이터를 조형물의 외피와 1, 2차 구조체 및 그 연결부위의 제작 및 현장 작업에 활용하여 CAD/CAE/CAM 의 전과정에 거쳐 컴퓨터를 사용하는 혁신적 디자인 프로세스를 시도하였다. 이 시도가 성공적으로 마무리되면서 보다 적극적으로 컴퓨터를 활용한 디자인 프로세스로 복잡한 곡면을 실제 건축물에 적용할 수 있었다.

4–3 The Great Fish of Barcelona의 꼬리 부분을 아래에서 올려 본 모습

기존의 디자인 프로세스

제2부에서도 이미 살펴보았듯이 FOG/A의 기존 디자인 프로세스는 여타 건축설계사무소와 유사하게 진행되고 있었다.

우선 스케치와 모형을 사용한 디자인의 제안, 이에 관한 협의의 과정, 그리고 시행착오를 거친 후 내려지는 Gehry의 최종 디자인 결정, 마지막으로 최종안의 도면화 작업이 시행되는 정도였다. 다만 Gehry의 디자인 초안이 대체로 복잡한 형태를 띄고 있기 때문에 타 사무소에 비해 FOG/A는 나무나 종이를 이용한 모형을 훨씬 많이 제작한다는 점이 특이하였다.

한편 Gehry가 최종 디자인 안을 결정하면 이는 1m 가량의 커다란 실물모형으로 만들어졌는데, 직원들이 자를 이용해 직접 이 모형을 실측하여 2차원 도면으로 만드는 도면화 작업이 전체 프로세스의 상당 부분을 차지하였다. Gehry의 건축물에는 이미 곡면이 자주 사용되었으므로, 정확한 도면화 작업을 위해서는 실물 모형을 여러 기준점으로 세분화하고 실측해 얻어진 단면도가 필요했기 때문이다.

2차원 도면화 작업은 상당히 비효율적이고 정확도도 낮았지만, Gehry가 의도하는 복잡한 곡면을 현장에서 실제 스케일의 건물로 제작하기 위해서는 필연의 과정이었다.

1차 시도 with Harvard Graduate School of Design

Barcelona Olympic을 개최하게 된 Barcelona시는 Olympic을 기념하기 위해서, 새로 조성된 Vila Olympica해변에 물고기 모양의 거대한 조형물을 계획한다. Barcelona 시는 SOM과 함께 인근 상업시설설계에 참여한 FOG/A에게 Fish Project를 의뢰하는데, 이 Project가 Gehry에게 첫 번째 공공설치물 디자인이라는 의미를 갖고 있었다.

FOG/A는 여타의 Project와 비슷한 방식으로 디자인 작업을 시작한다. 그러나 곧 FOG/A는 제한된 시간과 비용 문제와 함께 물고기 형상을 띄는 유선형의 Gehry 디자인을 기존 방식으로 진행하는데 한계가 있다고 판단하게 된다.

이에 FOG/A의 James Glymph는 컴퓨터 프로그램의 활용을 적극 모색하게 된다. 궁극적으로 이 시도는 컴퓨터로 2차원 도면제작작업을 대신하겠다는 처음의 의도를 넘어서, 컴퓨터를 통해 디자인과 시공과정 전체를 지원하는 새로운 개념의 디자인 프로세스의 개발을 의미하는 것이었다.(제2부의 제1장 '혁신적 디자인 프로세스' 내용 참조)

FOG/A는 기존 방식에 따른 작업도 함께 진행하는 동시에, Harvard GSD에 의뢰하여 컴퓨터를 활용한 Digital도면화 작업에 착수한다. 이에 Harvard GSD는 William Mitchell 교수와 Daniel Shodek데니얼 쇼덱 교수의 지휘 아래 FOG/A에서 제공받은 2차원 도면을 우선AutoCAD를 사용하여 도면화하였다. Digital단면도가 만들어지자, 이 위에 Hermit Curve Editor허밋 커브 에딧터라는 편집기로 부드러운 곡선의 외피를 입히는 작업이 이어졌다. 마지막으로 이 파일은 Rendering렌더링 프로그램인 Alias로 전환되어 3D 형상의 Digital 모델로 표현되었다.

그런데 이렇게 만들어진 초기의 Digital 모델은 처음 Gehry가 의도했던 디자인과는 상당히 다른 모양을 하고 있었다. GSD와 FOG/A는 여러 차례 원인을 분석하고, 이어 몇 번의 시행착오를 거친 끝에 결국 Gehry의 승인을 얻을 만큼 만족스러운 정확도의 Digital 모델링 결과물이 얻게 되었다.

하지만 이 데이터는 또 다른 문제점을 안고 있었다.

우선 Gehry는 물고기 조형물의 3D 구조체 위에 얇은 띠로 엮은 외피를 입히는 특별한 방식의 조형물을 제작하고 싶어했다.그림4-3,5 그러나 Rendering 전문 프로그램인 Alias는 모델 표면의 질감 표현을 주로 작업할 뿐, Gehry가 원하는 대로 외피를 제작하는데 필요한 직접적인 3D 정보를 만드는 기능을 갖고 있지 않았던 것이다.

즉 Gehry가 원하는 디자인을 위해서는 각각의 불규칙한 3D 표면에서 각각의 외피 조각은 어떤 패턴을 만드는지, 구조체와 각 외피 조각은 어떤 방식으로 연결되어야 하는지, 서로 다른 정도의 곡면을 표현하기 위해 외피

4-4 해변의 산책로에서 바라 본 The Great Fish of Barcelona의 측면 모습
옆 건물의 공모양의 조형물과 어울려 장난스러운 느낌을 도출한다

를 구성하는 띠는 어느 정도의 유연성을 가져야 하는지 등 곡면의 모든 부분에 대한 복잡하고도 상세한 디테일이 필요했지만, Alias의 Digital 모델은 이러한 데이터를 지원하지 않았던 것이다.(다음 장의 EMP 부분에서 이러한 외피의 구체적 정보를 담은 Digital 모델을 그림4-23에서 볼 수 있다.)

또 다른 치명적인 문제점은 Alias 파일이 제조업체나 구조설계업체(SOM)등의 프로그램과 호환이 어렵다는 점이었다.

호환이 불가능하다는 것은 데이터의 정확성 여부를 떠나 모델링에서 얻은 치수 데이터를 다른 참여자가 직접 전달받아 사용할 수 없다는 것을 의미하는데, 쉽게 말해 Alias의 Digital 파일은 사실상 프레젠테이션을 위한 3D 그림, 심하게 말하면 무늬만 3D인 이미지 외에는 별다른 의미가 없다는 뜻이기도 하다. (포괄적으로 이 문제를 제2부에서 이미 언급한 그래픽 전용 프로그램들이 갖고 있는 전형적 한계라고 해도 무방할 것이다.)

2차 시도 with CATIA

Harvard GSD와의 작업에서 좋은 결과를 얻지 못해 고민하던 FOG/A는 우연찮은 기회에 항공산업용으로 개발된 CATIA라는 프로그램을 알게 된다.[주1-7]

Alias와는 달리 CATIA는 수치 기반의 모델링 방식을 채택함으로 모델의 어떤 점도 정확한 위치 정보를 제공할 수 있으므로 복잡한 곡면을 자유롭고도 정확하게 정의할 수 있다는 장점을 갖고 있었다.(이에 대해서는 제2부 제1장 '혁신적 디자인 프로세스' 에서 다루었다.)

뿐만 아니라 CATIA파일은 설계업체와 구조설계, 제작업체에의 프로그램과 완벽하게 호환가능하기 때문에 디자인에 대한 Digital 정보를 참여자간에 쉽게 전달, 공유하고 협의할 수 있었다. 이 모든 기능은 FOG/A가 이 Project의 진행을 위해 필요했던 것들로, FOG/A는 단순 Digital 도면 작업 외에도 제작 및 시공 전체의 과정에 도입할 목적으로 CATIA의 사용을 결정한다.

혁신적 디자인 프로세스

CATIA를 이용한 3D Digital 모델은 어렵지 않게 만들어졌다.

FOG/A는 이 Digital 모델의 정확도 여부를 확인하기 위해 CATIA 모델의 데이터를 레이저 절단기로 넘겨 시범적으로 종이를 이용한 실물 모델을 제작해 보았다. 만족할 만한 정확도가 검증되자, FOG/A는 Fish 조형물의 전체 구조 역시 CATIA를 사용하여 디자인하고, 이 데이터를 AES 프로그램 포맷으로 전환하여 구조설계업체인 SOM에 전달하였다.

SOM은 이 데이터로 구조설계 작업을 수행하고, 그 내용을 다시 CATIA 포맷으로 전환하여 FOG/A에 넘기는 과정을 통하여 두 회사는 어려움 없이 외피와 구조물의 설계를 함께 협의, 진행할 수 있었다.

이 과정에서 가장 까다로운 과정은 Fish의 외피를 실제로 제작, 설치하는 과정이었다.

구조체 및 외피 제작을 담당한 회사는 이탈리아의 Façade파사드: 건물의 입면에 해당하는 부분 디자인 및 설치전문업체인 Permasteelisa사였다.

Permasteelisa는 FOG/A 및 SOM의 자료에 기초하여 사전에 실제 재료를 사용한 각 부분의 실물 모형을 제작해보기로 하고 2주간 6번의 실물 모형 제작을 시도한 끝에, 이 조형물의 어느 한 부분도 동일한 곡면을 갖지 않고 서로 다르다는 결론에 도달하였다.

이에 Permasteelisa는 FOG/A에 전체 CATIA 데이터, 즉 모든 부분의 상세치수를 담은 Digital 데이터의 필요성을 설명하고, FOG/A에서 받은 자료에 따라 모든 부품의 크기, 모양, 위치정보 등을 상세히 마련하였다.

한편 Permasteelisa는 구조체와 외피를 연결해 주기 위해서는 특별한 연결 장치가 필요하다고 판단, CATIA 데이터를 통하여 연결 장치를 새로 디자인함과 동시에 연결 장치의 위치 정보와 간격 거리Offset Distance오프셋 디스턴스 정보 역시 사전에 예측하였다. 다행히 CATIA 데이터는 매우 정확하

4-5 The Great Fish of Barcelona의 날개 부분을 확대한 사진
금속의 띠를 엮어 만든 그물 모양의 외피는 생각처럼 단순하지 않다.
부드러운 곡선을 표현하기 위해 모든 부분이 서로 다른 곡면과 기울기 등을
갖기 때문인데, 곡면의 외피와 이를 지지하기 위한 구조물,
그 사이를 연결하는 연결물 등이 복잡하게 얽혀있다.

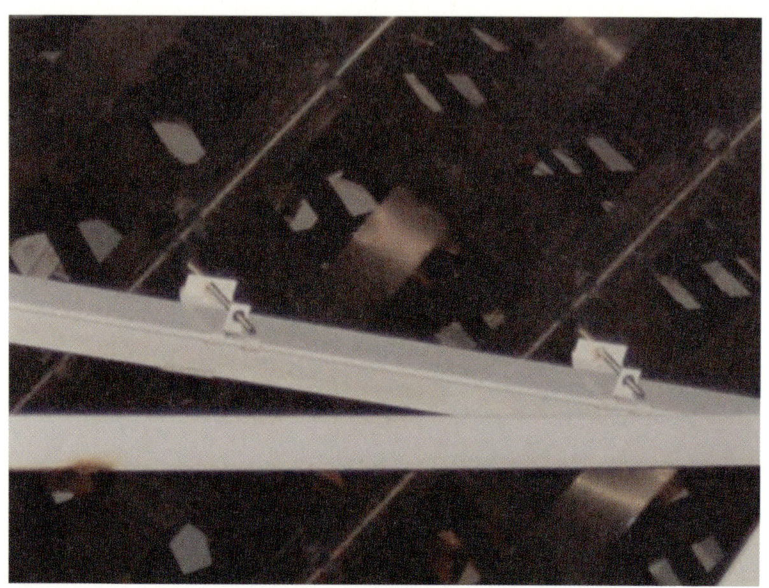

4-6 외피의 뒷면과 1, 2차 구조물, 그리고 연결장치의 모습
(흰색 바와 구리빛 외피를 연결하는 장치)

고 효율적이어서 이 밖에 현장에서 각 부품의 조립과정에 대한 정보까지 제공하였다.

1,2차 구조체의 연결방법에 대하여 좀 더 자세히 살펴보면, 먼저 L자 형강의 1차 구조체 한 면에 ㄷ자형 Clamp 를 고정시키고, 물고기 형태의 곡면을 만들어 주는 가는 파이프 형태의 2차 구조체에 반지 형식으로 걸려있는 부속그림4-6에서 구리빛의 원형 파이프와 이와 연결된 반지모양의 부속을 볼 수 있다. 과 ㄷ자형 Clamp 그림4-6에서 하얀 사각파이프에 붙어있는 부속을 볼 수 있다. 를 나사형 작은 막대를 사용하여 고정하였다. 보기에는 두 구조체와 연결된 부속들을 나사를 이용해 연결, 고정시키는 단순한 방식 같지만, 곡면으로 인해 각 부분의 연결 각도나 거리가 모두 달랐기 때문에 그 설치 과정이 결코 쉽지는 않았다. 이 과정에서 Permasteelisa 역시 SOM과 마찬가지로 모든 결정 사항을 모뎀

4-7 날아갈 듯 날개를 펴고 있는 The Great Fish of Barcelona

을 통해 Gehry에게 전달하여 검토, 승인 받았으며, 시공 시 현장에서는 정밀한 수작업이 진행되었다.

이런 과정을 통해 FOG/A는 CATIA를 도입한지 6개월 만에 디자인부터 시공까지의 모든 과정을 완수하였다. CATIA가 초기의 시간과 비용상 한계를 극복하고 무사히 Project를 마칠 수 있었던 원동력이라는 사실에는 의문의 여지가 없다.

특히 CATIA의 사용으로 FOG/A는 종이 도면 없이 Fish Project의 복잡한 디테일과 구조적 문제를 모두 해결하였으며, 관련 업체와의 협업 또한 효율적으로 진행하였는데 이 점은 특히 고무적이었다.

Fish Project는 결국 FOG/A가 향후 CATIA를 적극적으로 도입하여 전체 디자인 프로세스를 획기적으로 변화시킬 수 있는 계기를 마련하게 하였다. 이 Project의 성공은 곧 Guggenheim Museum Bilbao와 EMP, LA Disney Concert Hall 등 다수의 FOG/A 작품의 원동력이 되었기 때문이다.

EMP: Experience Music Project
Seattle, U.S.A. 1997~2000

Guggenheim Museum Bilbao가 완성된 1997년 Gehry는 미국 북서부 도시인 Seattle에서 또 하나의 Project를 착수하게 된다.

EMPExperience Music Project라고 불리는 이 Project는 비록 Guggenheim Museum Bilbao이나 LA Disney Concert Hall보다 덜 알려져 있지만, Gehry의 이전 Project들 보다 과감한 곡면의 사용과 한층 업그레이드된 구조와 기술이 사용된 건축물일 뿐만 아니라, 관람자 체험공간을 갖춘 새로운 개념의 박물관으로 그 안팎에 흥미로운 이야기가 가득하다.

Paul Allen 과 Jimi Hendrix

EMP라고 흔히 불리는 이 건물의 실제 이름은 EMP/SFM, 즉 'Experience Music Project / Sci-Fi Museum and Hall of Fame' 익스피어리언스 뮤직 프로젝트/싸이-파이 뮤지엄 앤드 홀 오브 페임으로, 이름에서 알 수 있듯이 음악체험 박물관 / 과학소설 박물관과 명예의 전당으로 사용된다..

4-8 EMP로고가 새겨있는 주 출입구의 전경

EMP는 Seattle 출신의 사업가 Paul G. Allen폴 알렌 과 그의 사업파트너이자 여동생인 Jody Allen Patton조디 알렌 패튼의 아이디어로 시작되었다.주4-1 이들 남매는 자신들의 고향이자 Microsoft마이크로소프트의 본사가 위치한 Seattle에 Paul Allen의 대중음악 관련 소장품을 전시할 조촐한 박물관을 건립하여 대중과 함께 공유하겠다는 생각에서 이 Project를 추진하였다. 사실 Paul Allen은 열렬한 Rock n Roll Music로큰롤 뮤직 마니아로 특히 같은 Seattle 출신인 전설적인 기타리스트 Jimi Hendrix지미 헨드릭스, 주4-2를 매우 좋아하여 그의 음반과 의상, 악보, 기타 등 수많은 유품을 포함한 무려 8,500여 점의 대중음악 관련 자료를 소장하고 있었다. 소장품의 규모로 보아 이들이 말하는 조촐한 계획이 어느 정도를 말하는 것이었는지 짐작하긴 쉽지 않지만 말이다.

혹시 EMP, 즉 Experience Music Project라는 이름에서 Jimmy Hendrix의 체취를 느낄 수 있다면 Rock 음악에 조예가 깊은 사람임에 틀림없을 것이다.

EMP라는 이름의 첫 단어인 'Experience'는 Jimi Hendrix가 속했던 그룹명인 'Jimi Hendrix Experience'와 그의 데뷔 앨범, 'Are you experienced'아 유 익스피어리언스트?의 일부를 인용한 것이기 때문이다.

'Experience'체험라는 단어는 늘 새로운 방법의 연주를 시도한 Jimi Hendrix의 실험정신을 한 마디로 설명하는 것으로, EMP가 표방하는 'Interactive Music Experience'인터액티브 뮤직 익스피어리언스, 즉 '상호간 음악체험'이라는 실험적 컨셉을 적용한 독특한 박물관을 만들어내는데 기초가 되었다고 볼 수 있다.

4-9 수많은 기타를 이용해 만든 Roots and Branches ⓒ

따라서 EMP는 소장품의 전시를 통해 Rock n Roll, Jazz재즈, Hip Hop힙합, Swing스윙 등 다양한 미국 대중음악 장르의 의미와 역사에 대해 설명하는 일반적인 전시적 기능 외에, 첨단 설비를 갖춘 음악 체험실인 'Sound Lab 사운드 랩'을 마련하여 방문자가 체험을 통해 좋아하는 음악에 대한 새로운 경험을 할 수 있도록 배려하고 있다.

물론 'The Northwest Passage더 노스웨스트 패시지: 북서항로관'의 전시물이나 'The Guitar Gallery'더 기타 갤러리: 기타전시관의 전자기타를 비롯한 각종 악기들로 만들어진 거대한 설치물인 'Roots and Branches'루츠 앤드 브랜치스, 그리고 Jimi Hendrix의 평소 아이디어를 반영했다는 'The Sky Church'더 스카이 처치 등은 따로 언급할 필요도 없을 정도로 새롭다.그림4-9~11

4-10,11 The Sky Church의 모습
음악에 따라 우산모양의 조명판과 전체 조명이 춤을 추듯 부드럽게 움직인다.

4-12 SFM의 모습. 로봇 형상의 조형물이 건물의 입구를 장식하고 있다.

한편 2004년 EMP의 건물 일부를 활용하여 문을 연 SFM은 미국 유일의 과학소설 관련 박물관이다.그림4-12 과학소설, 즉 SF를 좋아하는 공동창설자인 Jody Patton의 관련 소장품과 Star Wars스타워즈, Blade Runner블레이드 러너, The Terminator더 터미네이터, Star Trek스타 트렉 등 과학소설이나 공상과학영화에 대한 자료가 흥미롭게 전시되어있다. The Kansas City Science Fiction and Fantasy Society켄사스 시티 사이언스 픽션 엔드 판타지 소사이어티: 켄사스 시 과학소설과 공상소설 협회에 의해 Missouri미조리주 Kansas 시에서 판타지 소설이나 과학 소설가에게만 주어지던 'Hall of Fame' 명예의 전당은 2004년 EMP 건물로 이전한 이후 문학을 포함한 4개 부문에 수여되고 있다.

EMP의 디자인

Seattle은 우리에게는 유난히 비가 많이 오는, Starbuck's Coffee스타벅스 커피 1호점으로 잘 알려진 도시이기도 하지만, Jazz가 일찍부터 유행한 문화도시이자 Microsoft나 Boeing 사의 본사가 위치해 있는 미국 북서부의 대표 도시이다.

EMP는 Seattle을 대표하는 상징물인 전망타워 Space Needle스페이스 니들의 바로 북쪽, Seattle Center씨애틀 센터 내에 위치하고 있다. Seattle Center는 도심과 모노레일로 연결되어 있는데, 이 모노레일이 EMP를 관통하여 지난다.그림4-13

Space Needle에서 내려다 본 EMP는 사실 건물의 지붕이라기 보다는 구겨진 과자봉지 혹은 신체 내장의 일부분을 연상시키는 형상을 하고 있다.그림4-14

도대체 Gehry는 파도치는 듯 구부러진 울긋불긋한 곡면 건물로 무엇을 표현하고자 한 것일까 궁금하지 않을 수가 없다.

4-13 Space Needle과 모노레일, 그리고 EMP

1997년 Pall Allen에게 디자인을 의뢰 받은 Gehry는 Jimi Hendrix와 대중음악에 대한 그의 열정을 대중과 함께 경험하고 싶다는 Paul Allen의 의지를 듣고는, 이를 모두 반영한 적당한 건물 컨셉을 잡기 위해 고심하였다. 사실 그는 알려진 클래식 음악 마니아로, Rock n Roll 등의 대중음악에 대해선 별로 아는 바가 없기 때문이었다.

그가 자신의 Santa Monica산타 모니카 사무실 근처의 기타가게를 드나들며 Jimi Hendrix의 음악세계를 이해하려고 많은 노력을 기울인 것도 이 노력의 일환으로 볼 수 있다.

특히 공연 후 기타를 부수거나 불태웠다는 Jimi Hendrix의 일화를 듣고는 전자 기타를 분해하여 부품들을 스케치해 보기도 하였는데, 결국 Jimi Hendrix의 퍼포먼스를 담은 동영상과 부서진 기타가 쌓여 있는 쓰레기 더미에서 영감을 얻어 이 건물의 초기 디자인 컨셉이 완성되었다고 한다.

사진에서 보는 듯이 EMP의 굽이치는 곡면의 외피는 Guggenheim Museum Bilbao의 그것과는 또 다른 느낌을 준다.그림4-14 EMP에 비하면 Guggenheim Museum Bilbao 의 곡면 Mass와 Titanium 외피는 사실 우아하고 절제되었다는 느낌마저 준다.

EMP에는 훨씬 과감하고 드라마틱한 굴곡의 곡면이 사용되었으며, 5가지 색상의 외피는 실크 레이스로 장식된 벨벳 드레스 같은 화려함을 준다. EMP공식 웹사이트의 설명에 따르면, Stainless Steel과 Aluminum알루미늄 외피의 과감한 5가지 색상과 곡면은 Jimi Hendrix의 Fender Stratocaster Guitar펜더 스트라토캐스터 기타의 색상에서 영감 받았으며, 대중음악의 에너지와 부드러움을 동시에 상징한다고 한다. 그림4-15,16,21

4-14 Seattle Space Needle 전망대에서 내려다본 EMP의 전경

4-15 펄럭이는 치맛단처럼 역동적인 곡선과 실크처럼 반짝이며 부드러운 외피

4-16 드라마틱하게 변화하는 EMP의 외관

EMP의 Doubly Curved Structure

앞에서 잠시 언급했듯이 EPM는 이전의 Gehry 건물, 심지어 Guggenheim Museum Bilbao와도 여러 가지 면에서 차이를 보인다. 색상과 곡면의 정도에서의 차이뿐만 아니라 곡면의 건물 외피를 지탱하는 내부의 구조 시스템 역시 이전의 작품보다 업그레이드 되었으며 큰 차이를 보인다.

이전의 Project인 The Great Fish Barcelona나 Guggenheim Museum Bilbao의 경우에는 곡면의 외피를 지탱하기 위해 직선의 2차 구조물과 표피를 이어주는 복잡한 연결시스템을 사용했으나, EMP의 경우에는 곡선의 구조재를 사용하여 외피를 지탱하는 구조물이 외부의 표면을 그대로 따라가도록 설계되었다.그림2-25 이는 내부공간을 구성하는데 있어서도 매우 중요한 요소로, EMP는 외부의 형태를 그대로 따르는 내부 벽체와 천정면을 가지는 특이한 실내분위기를 만들 수 있었다.그림4-17

EMP의 구조설계를 담당했던 Seattle의 Skilling Ward Magnusson Barkshire스킬링 와드 매그너슨 발크샤이어 사에 따르면, EMP의 구조로 처음에는 Folded Space Frame폴디드 스페이스 프레임, Concrete Shell콘크리트 쉘, 또는 Precast Concrete Rib프리캐스트 콘크리트 립 등을 고려했으나 심사숙고 끝에 Steel plate Girder Rib Beam스틸 플레이트 거더 립 빔:스틸판을 원하는 곡률로 구부려 만든 H-beam형태의 Rib Beam으로 결정했다고 한다.

이 구조는 선박이나 비행기에 사용되는 구조와 유사한 것으로 결국 그림 4-18처럼 사람이나 고래의 갈비뼈 모양과 유사한 Rib뼈대 구조가 도출되었다. 실제로 약 21m70ft높이의 Sky Church에 들어가 천정의 구조물을 바라보면 거대한 고래 뱃속에 들어와 있는 듯한 느낌을 받는다. 사진에서 보이듯이 복도 부분의 구조물도 박물관에서 봤던 공룡의 뼈대를 연상시킬 만큼 기괴하다.그림4-17~19

4-17 내부에서도 그대로 드러나는 구조체.
외피의 곡면을 그대로 따르는 것을 볼 수 있다.

4-18,19 외피를 그대로 따르는 곡선으로 이루어진 구조체의 실제 모습과 CATIA 랜더링

개당 중량이 약 2,268Kg5,000lb에서 약 4,530kg10,000lb까지 나가는 각각의 Rib beam을 맞춤 제작하기 위해 구조체의 제작을 맡은 Columbia Wire and Iron of Portland콜롬비아 와이어 앤드 아이언 옵 포트랜드 사는 Steel Press Bed스틸 프레스 베드에 롤러를 사용하는 방법으로 Rib Beam의 Flange플랜지: H-beam을 구성하는 아래 위의 판과 Web웹: Flange를 이어 주는 가운데 부분이 원하는 곡률을 갖도록 하였다. 최종적으로 총 400t, 280개에 달하는 철제 구조물이 만들어졌다.
하지만 이 같은 구조물은 제대로 설계, 제작되지 않으면 구조적으로 취약할 수 있는 약점을 가지기 때문에 구조설계업체와 제작업체는 기존의 2D 도면만으로는 각 부재의 정확한 Geometry좌표를 알기 어렵다고 판단하였다. 이전 Project들에서 이미 증명되었듯이 Gehry의 Freeform 건물은 한쪽에서는 직선으로 보이는 부재가 사실 직선이 아닐 수 있기 때문이다.
이런 이유로 Skilling 사의 Project Manager인 Bird버드는 이 건물의 구조를 '3 Dimensional Object Ruled by Chaos' 3 디멘져널 오브젝트 룰드 바이 케이어스, 즉 혼돈의 3차원 물체라고 불렀다고 한다.
다행히 이전 Project에서 쌓은 노하우와 CATIA의 사용으로 난해한 형태에 따르는 여러 문제는 효과적으로 해결되었고, 건물의 구조나 설비의 위치 역시 정확히 파악할 수 있었다.
이렇게 CATIA 3D 모델이 제 역할을 수행하는 동안, 시공을 책임진 Hoffman호프만 사는 특수한 전자장비를 이용하여 복잡한 형태를 띄는 Rib 조각의 균형을 고려하고, 이를 정확한 위치에 설치하였다. Rib 구조체 위에는 다시 콘크리트가 뿌려지고 콘크리트 면과 외피 사이에는 단열재가 첨가되었다.**그림4-20**
마지막으로 Jimmy Hendrix의 Fender기타에서 인용해온 5가지 색상을 사용한 외피가 장착되었다. 화려한 5가지 색상 중 Mirrored Purple미러드 퍼플: 유광 보라색, Lightly Brushed Silver라이틀리 브러쉬드 실버: 반광 은색, Bead-blasted Gold비드-블라스티드 골드: 무광 처리한 금색 부분은 Stainless Steel을, 빨강과 파랑색 부분은 Aluminum을 사용하여 독일에서 제작된 후 영국에서 도

CATIA
as key
what is
CATIA?

4-20 구조체에 외피를 입히는 과정을 보여주는 EMP의 영상자료

USIC PROJECT

4-21 과감한 색상으로 마감된 다양한 재질의 외피

색한 후 다시 미국의 Kansas 시에서 원하는 모양으로 잘라져 Seattle로 운반되었다.그림4-15,16,21,22

Seattle 현장에서는 외피를 Rib 구조체에 제대로 고정하기 위한 작업이 수행되었다. 즉 철제 구조물에 가는 Pipe Stanchions파이프 스탄치온스: 파이프 기둥을 용접하여 붙이고 여기에 Bracket System브라켓 시스템:연결물과 철제 튜브를 다시 연결하여, 그 위에 Stainless Steel과 Aluminum Shingle싱글: 외피조각들을 쉽게 붙일 수 있도록 작업하였다.그림4-23

결국 서로 다른 모양의 21,000개의 외피조각을 붙이기 위해 30 cm1ft에서 10.6 m 35ft 에 이르는 길이의 소형파이프 기둥이 약 2,400여 개 사용되었다.

EMP의 구조시스템은 이처럼 1차 구조물이 외형과 같은 형태를 띄는 Doubly Curved Structure더블리 커브드 스트럭쳐: 이중 곡선형 구조체로 제작되었다. 이는 주 구조체인 Rib을 원하는 곡률로 구부려 생산하는 최첨단의 제작공정과, 이를 정확한 위치에 조립할 수 있도록 해 준 CATIA의 도움으로 가능했다.

이런 구조시스템을 도입한 결과 3년이라는 짧은 기간에 이전 Project보다 더욱 복잡한 외형의 EMP가 별다른 문제없이 완공될 수 있었으며, 내부 공간도 훨씬 극적인 분위기를 창출하며 보다 효과적으로 사용 가능하게 되었다.

EMP를 통해 FOG/A는 CATIA의 가능성을 재차 확인하였으며 이후 Project에서도 과감한 곡면을 자유롭게 사용한 곡면건축을 지속적으로 설계하게 되었다.

4-22 금색과 빨강색으로 마감된 외피재

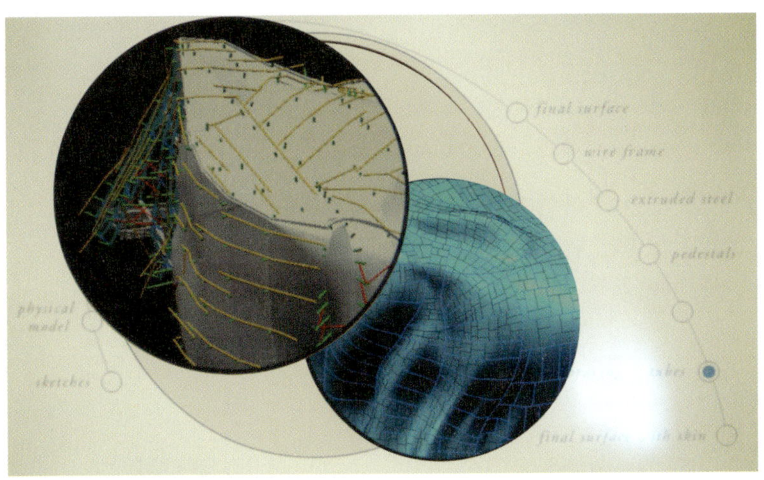

4-23 외피를 Rib에 고정시키기 위한 장치와 외피조각들의 모습
(CATIA의 3D 모델링을 보여주는 EMP의 영상화면)

주4-1 Paul Allen은 Bill Gates빌 게이츠와 함께 Microsoft 사를 설립한 공동창업자로, Forbe포브 지가 꼽은 세계갑부 중의 한 명이자 미국의 대표적 사업가인 동시에 거액의 자선사업가로도 유명하다. Paul Allen은 1984년 Paul G. Allen Family Foundation폴 알렌 페밀리 파운데이션이라는 자선재단을 설립하고, 매년 약 미화 $3,000만에 이르는 금액을 꾸준히 기부하는 대표적인 자선 사업가이다. 그는 또한 벤처기업의 운영방식을 자선사업에 도입한 Venture Philanthropy벤처 필란쓰로피:벤처형 자선사업을 장기간에 거쳐 운영하고 있다. EMP는 그 대표적인 사례 중 하나이다.

주4-2 Jimi Hendrix(1942-1970):
기타리스트이자 가수 겸 작곡가인 그는 놀라운 실험 정신으로 'Feedback피드백', 'Wah-Wah와-와' 라는 새로운 연주법으로 보조 악기에 불과했던 전자 기타의 위상을 높인 연주가로 평가된다. 1976년 Monterey Pop Festival몬트레이 팝 페스티벌과 1969년 Woodstock Festival우드스톡 페스티벌에서 기타를 부수거나 불지르는 퍼포먼스를 통해 자신의 연주를 극적으로 승화하였다. 이 같은 연주와 행위는 베트남 참전 등 복잡했던 미국의 현실과 젊은이들의 열정을 음악으로 표현한 것이라고 한다. 1970년 약물남용으로 27세의 나이로 요절하였으나, 1966년 영국으로 건너가 결성한 그룹, 'Jimi Hendrix Experience' 시절 발표한 'Are You Experienced?(1967)', 'Electric Ladyland일렉트릭 레이디랜드(1968)' 등 3장의 정규앨범을 남겼다.

Sydney Opera House
Sydney, Australia, 1959~1973

4-24푸른 바다와 하늘을 배경으로 넓은 광장 위에 떠있는 구름 같은 Sydney Opera House

'도시와 문화를 바꾸는 곡면의 건축'에서 빼놓을 수 없는 곡면 건축물 중 하나는 당연히 Sydney Opera House일 것이다.
아름다운 Sydney 항을 배경으로 돛단배를 연상시키는 하얀 지붕으로 잘 알려진 이 건물은 가히 한 '도시'와 그 '문화'를 변화시킨 대표적 건축물이다.

Sydney Opera House는 2000년 Sydney 올림픽을 상징하는 로고로 사용되었고, 2003년에는 설계자 Jørn Utzon이 건축계 노벨상인 Pritzker상을 수상케 하였으며 2007년에는 세계문화유산으로 등재되는 등, 도시뿐만 아니라 나라, 더 나아가 세계 건축계의 아이콘인 대표적인 건축물이라 할 수 있다.

4-25 조명으로 밝혀진 Harbour Birdge와 Sydney Opera House

1957년 디자인 공모를 시작한 지 무려 16년 만에 완성된 Sydney Opera House는 앞에서 다루었던 Guggenheim Museum Bilbao에 비견할 만큼의 도전과 좌절, 성공이 교차하는 사연을 가득 안고 있다. 안타깝게도 이번 책에서는 부록의 수준으로 간단히 언급하고 자세한 이야기는 다음을 기약하기로 한다.

Site

Sydney Harbor시드니 하버: 시드니 항에서 가장 돌출된 곶Promontory프론토리인 Bennelong Point베네롱 포인트에 위치한 Sydney Opera House는 Sydney의 또 다른 명물인 Harbor Bridg하버 브리지와 이웃해 있다.그림4-25

Sydney Harbor의 아름다움은 건축에 관심이 없는 사람이라도 익히 들어 알고 있겠지만, Bennelong Point는 Sydney Harbor 중에서도 특히 절묘한 장소라고 할 수 있다. Sydney 도심의 화려한 스카이라인과 넓게 펼쳐진 바다를 앞, 뒤에 두고 있을 뿐만 아니라, 좁은 바다길 너머의 Kirribilli커리빌리 해안선이 주는 적당한 원근감까지, Bennelong Point는 어느 각도에서 보더라도 모던하면서 단아한 Sydney Opera House를 돋보이게 하는 최적의 장소임에 틀림없다.

특히 노을이 저무는 즈음 하나 둘 켜지는 불빛과 함께 Sydney Opera House가 바다, 하늘, 그리고 Harbor Bridge와 어우러져 만들어 내는 풍광은 말로 표현하기 어려운 매력과 아름다움을 가지고 있다. 직접 방문하여 둘러보게 된다면 Sydney Opera House의 상징성이나 아름다움이 주변 경관에 대한 충분한 이해를 바탕으로 치밀한 계산에 의해 만들어진 것임을 새삼 확인할 수 있을 것이다.

Utzon의 디자인 컨셉

건축가 Utzon이 남긴 스케치와 글을 종합해 볼 때, 그가 추구하고자 했던 Sydney Opera House는 '푸른 바다와 하늘을 배경으로 넓고 평평한 기단 위에 가볍게 떠 있는 구름 같은 건물'이다. 그림4-24처럼 살구색 직육면체 모양의 건물 하단부와 하얀 돛이나 구름을 연상시키는 둥근 모양의 지붕Roof Shell루프 쉘은 그의 컨셉이 제대로 반영된 정교한 조각품 같다.

Sydney Opera House는 크게 건물 상, 하단의 두 부분으로 나뉘어 있는데 이들은 사뭇 대조적이지만 한편으로는 조화를 이루어 서로를 돋보이게 한다.

4-26 Utzon의 초기 스케치.
Platform을 잇는 계단, 넓은 기단, 동양 전통건축물, 기단과 분리된 지붕

우선 단조롭지만 넓고 직선적인 건물 하단부는 Mexico멕시코 여행 시 Utzon을 매료시켰다는 Yucatan유카탄 정글의 '신을 위한 거대한 기단'에 연유한다. Benelong Point 부지 대부분을 차지하는 Platform플랫폼의 넓은 전면 계단을 오르다 보면 마치 정글 정상의 기단으로 향하던 고대 Mayan마얀의 신성함이 느껴지는 듯 하기도 한다.그림4-26,28 Utzon은 Platform을 각각 Main Hall, 레스토랑, 건물 중심으로 연결되는 3단으로 나누고 이를 Terrace라고 표현했는데, 각 부분은 편편하고 넓어 실제로 주변 경관을 전망하는 Terrace와 같은 느낌을 준다.

건물 전체에 웅장한 안정감을 주는 Platform과 대조적으로 '조각 같은 덮개Sculpture Covering스컬프쳐 커버링' 인 지붕은 가벼운 구름이나 날렵한 돛단배 같은 느낌으로 Sydney Harbor와 환상의 궁합을 자랑한다. 그의 스케치처럼 Platform 위에 살짝 떠 있는 듯한 둥근 지붕은 사각형의 Platform과 함께 동양의 음양Ying and Yang잉 앤드 양원리를 반영한 것이다. 특히 지붕의 곡면은 건물에 수직적 상승감을 부여해 Utzon이 의도했던 거대한 Platform 효과를 극대화시켜 보다 큰 건축적 힘을 완성한다.그림4-26,28

한편 Utzon은 디자인 컨셉 뿐만 아니라 건물의 기능면에서도 Platform 부분과 지붕 부분을 효과적으로 분리하였다. 즉 수평적 요소인 Platform 부분은 공연의 준비를 위한 공간으로, 지붕 부분은 공연장과 로비 등 공연의 공간으로 나누어 외양적 시각의 차이가 바로 기능의 차이로 연결되도록 배려하였다.

이러한 디자인의 전개 과정을 거쳐 1957년 Utzon이 공모전에 제출한 도면과 모델은 효율적인 공간 사용과 Site에 대한 이해가 뛰어나며, 아름다운 곡면의 지붕을 갖는 매우 혁신적인 디자인이었다. 하지만 설계안과 완공된 Sydney Opera House의 모습 사이에는 약간의 차이가 있다. (그림 4-24와 그림4-27의 지붕을 비교하면 쉽게 그 차이를 알 수 있다.)

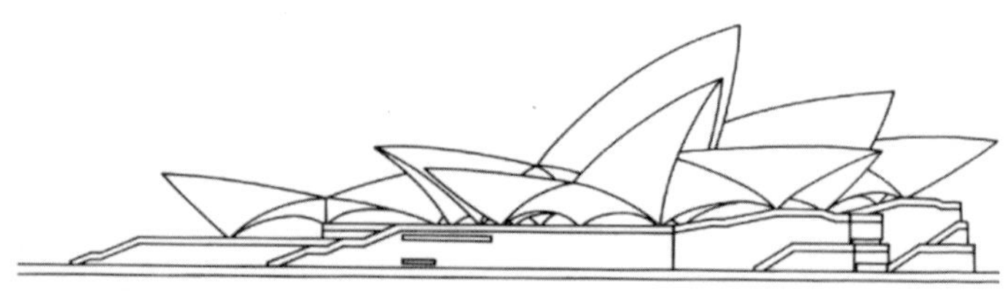

4-27 Utzon이 제출한 초기 설계안의 입면도

Sydney Opera House의 원안에서 Main Hall을 덮고 있는 곡면지붕은 현재의 지붕과 달리 서로 다른 크기와 모양을 한 4세트의 비대칭 곡면지붕들이 보다 다양하고 역동적인 느낌을 준다. 각 지붕의 크기와 높이는 지붕이 덮고 있는 실의 크기에 비례하여 결정되었지만, 지붕의 곡면은 정확한 형태가 정의되지 않아 흡사 곡선으로 마무리한 삼각형 정도라고 설명할 수 있다.그림4-27

4-28 전면의 계단을 오르면서 올려다 본Main Hall의 모습이 더욱 웅장해 보인다.

Utzon 설계안의 지붕형태는 당시 유행하던 H.P. Shell 구조를 연상시키는데, 특히 Shell 구조의 일인자인 Eero Saarinen의 대표작 중 하나인 New York 공항의 TWA 터미널과는 그 외양이 상당히 유사하다. 그림4-29,30 물론 공모전 당시 TWA 터미널은 완공 전이었으니 표절이나 심사기준에 의혹을 제기하는 것은 절대 아니지만, Eero Saarinen이 Sydney Opera House 공모전의 심사위원장이었다는 사실과 심사장에 늦게 도착한 그가 재심사를 실시해 이미 탈락한 상태였던 Utzon의 설계안을 최종 당선작으로 만들어 주었다는 일화 등은 우연치고는 지나치게 극적인 측면이 있는 것도 사실이다.

어찌되었던, 약 5cm 두께의 Shell 구조를 염두에 두고 설계했다는 Utzon의 곡면지붕은 그의 의도와는 달리 많은 오류를 품고 있었는데, 이는 심사위원장 Saarinen 역시 지적했던 바이며 향후 수 차례 디자인 변경을 비롯한 여러 문제의 직접적인 원인이 되었다.

4-29 Eero Saarinen의 TWA터미널 ©
4-30 중첩된 곡선으로 구성된 Sydney Opera House의 지붕

Sydney Opera House 지붕의 형태와 구조

Sydney Opera House의 꽃이라고 할 수 있는 'Shell과 같은 형태의 지붕', 일명Shell-like Roof쉘-라이크 루프 (많은 책에서 인용될 만큼 Sydney Opera House의 지붕에 대한 가장 적절히 표현으로, 다음 설명을 읽으면 그 이유를 알게 될 것이다.)는 그 형태, 규모, 색상 등 모든 면에 있어서 보는 사람의 마음을 사로잡기에 충분할 만큼 아름답다.

하지만 설계 공모부터 완공에 이르기까지 걸린 16년1957-1973이라는 시간과 Utzon의 사임 같은 불미스러운 사건은 현재의 영광 뒤에 숨어있던 인고의 과정을 어렵게나마 짐작하게 한다.

Utzon은 1966년 해임 이후 2008년 생을 마감하기까지 단 한번도 Sydney로 돌아오지 않았다고 하는데, 아직도 많은 이들의 사랑을 받는 건물을 설계했지만 그 건물의 완성된 모습을 한번도 실제로 보지 못한 비운의 건축가인 것이다.

이쯤에서 모든 사건의 원인을 제공한 Sydney Opera House의 지붕이 갖는 문제점에 대해서 살펴보지 않을 수 없다.

우선 모든 문제의 시작은 특이한 지붕의 형태와 이를 현실로 재현하기 위한 구조설계 과정에서 출발한다.

1957년 최종 당선된 Utzon의 설계안그림4-27은 아름다운 곡선의 지붕을 특징으로 하는 멋진 디자인이었지만, 구조 엔지니어의 입장에서 보자면 무척이나 당황스러운 Freehand Sketch프리핸드 스케치(여기서 Freehand Sketch란 손으로 대충 그렸다는 의미보다는 기하학적으로 설명이 어려운 불특정 곡선이라는 의미에 더 가깝다.)에 불과했다. Utzon은 곡면 지붕의 구조로 Single Reinforced Concrete Shell 싱글 레인포스드 콘크리트 쉘 구조를 염두에 두었으나, 사실 Utzon이 설계한 곡면은 Shell 구조로 짓기에는 문제가 있었다.

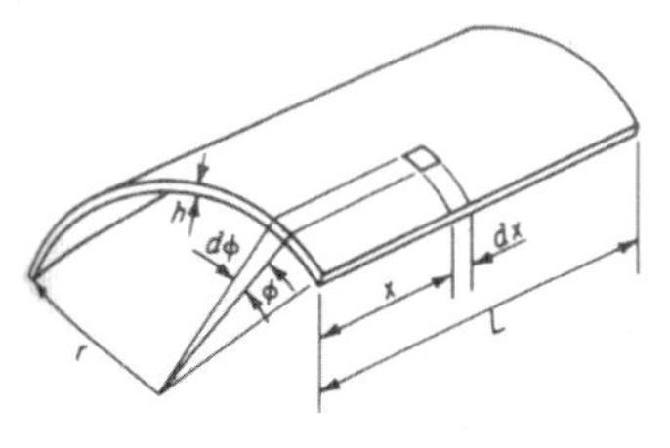

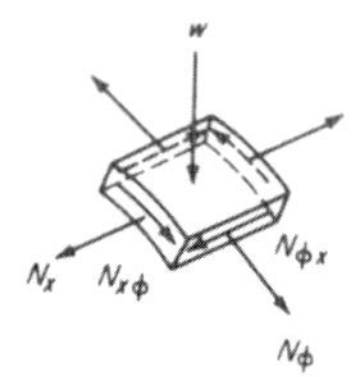

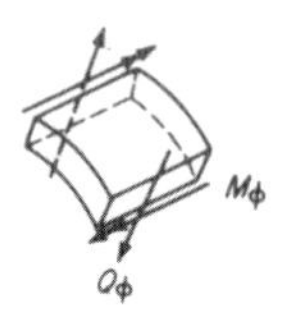

4-31 균일한 두께의 원통형 Shell의 곡면판과 그 일부에 주어지는 힘의 관계도

일반적으로 Shell 구조란 균일한 두께의 콘크리트 판이 일정한 곡률을 갖는 곡면 형태를 띄는 것으로, 구조적으로는 기둥이나 벽체 등의 구조체 없이 Shell의 형상을 따라 하중이 전달되는 형태 작동적Form Active폼 액티브 구조를 특징으로 한다. 즉 Shell 구조는 외부하중에 의해 내부요소에 생기는 내력이 휨Bending벤딩과 비틀림Torsion토션보다는 인장Tension텐션과 압축Compression컴프레션의 힘으로 전환되는 Membrane Action멤브레인 액션 시스템으로, 원통형, 구형, HP쌍곡포물형 등의 몇몇 형태에만 한정된다.그림4-31

이런 특성상 Shell 구조는 현재 기술로도 설계 및 시공이 어려운 구조 중 하나이다. 따라서 Utzon이 두 개의 곡면이 비대칭적으로 겹쳐있는 복잡한 디자인에 Shell 구조시스템을 적용시키고자 했다는 것은 그가 Shell 구조를 과신했거나 이를 정확히 이해하지 못했던 건 아닐까 하는 의구심이 들기도 한다.

Sydney Opera House의 구조 설계를 의뢰받은 Ove Arup오브 아럽 사는 고민 끝에 형태적으로 제한이 많은 Shell 구조 대신 이 건물에 적합한 다른 구조시스템을 대안으로 제시하며 이 문제를 해결하기 시작했다. 그림4-32

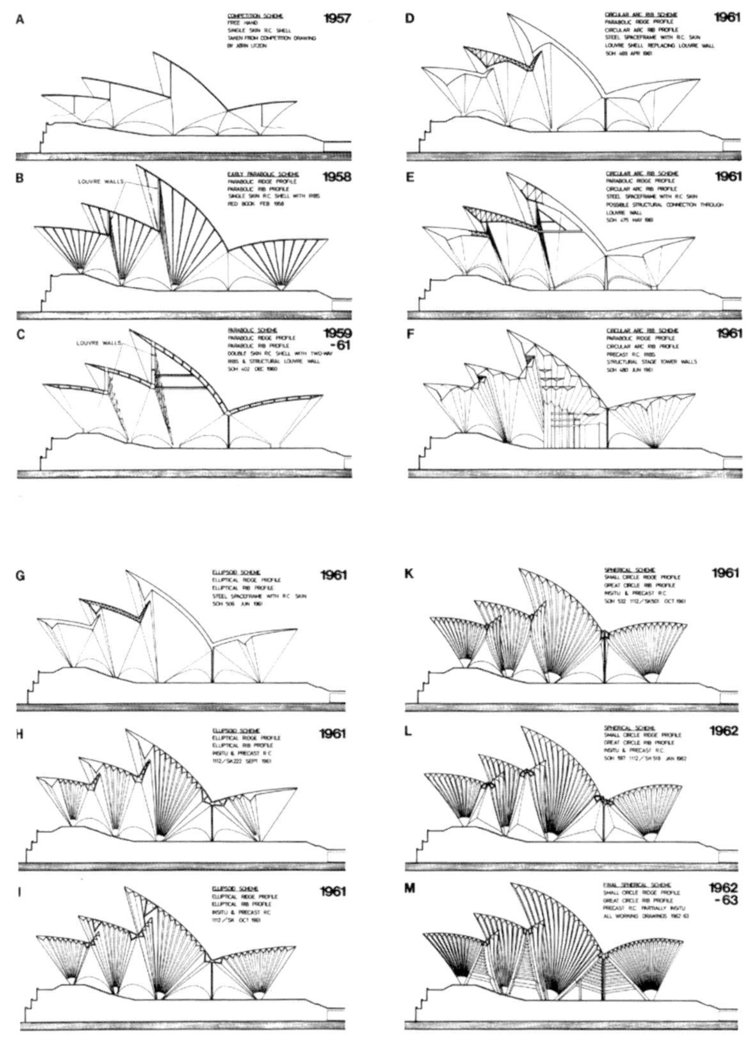

4-32 Ove Arup사에서 제안한 다양한 지붕 형태와 구조

Ove Arup이 제시한 대안들은 Utzon의 디자인 특성을 최대한 존중하면서도 제작이 용이하고 시간과 비용이 절감되는 효율적인 방법을 찾기 위한 것이었다. 물론 Utzon 입장에서 이런 시도를 환영하거나 쉽게 동의하기는 어려웠을 것임은 짐작 가는 바이다.

1963년 6년 간의 시행착오 끝에 지붕의 형태와 구조 시스템이 결정되기까지, Utzon의 Freehand Sketch 곡면과 Shell 구조그림4-32의 A에서 시작한 지붕의 곡면은 포물선 형태Parabolic Scheme파라볼릭 스킴, 그림4-32의 B,C, 타원체 형태Ellipsoid Scheme일립소이드 스킴, 그림4-32의 G,H,I, 혹은 원호 형태Circular Arc Scheme 써큘러 아크 스킴, 그림4-32의 D,E,F, 구 형태Spherical Scheme스페리컬 스킴, 그림4-32의 K,L,M 등의 곡면 형태로 재설계되었으며, 구조적으로는 R.C Reinforced Concrete레인포스트 콘크리트: 보강 콘크리트 Shell과 Rib립, 그림4-32의 B,C, R.C. Skin스킨과 Steel Spaceframe스틸 스페이스프레임, 그림4-32의 D,E,G, 혹은 독특한 모양의 Rib 그림4-32의 F,H,I,K,L,M을 이용하는 여러 구조 시스템이 제안되었다.

마침내 1963년 최종적으로 구 형태Spherical Scheme에서 얻어진 곡면과 Rib구조를 사용하는 안이 채택되었다. 그림4-32의 M, 그림4-35

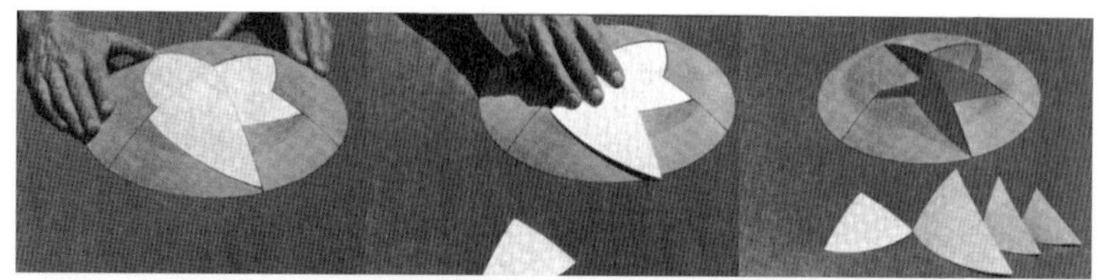

4-33 하나의 구체를 잘라 만들어진 4세트의 지붕

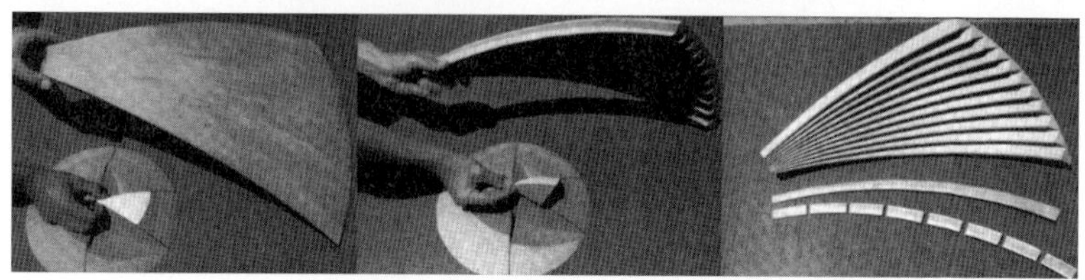

4-34 지붕의 Ridge와 Rib의 곡면을 설명하는 그림

4-35 동일 곡률을 사용한 서로 다른 크기의 지붕곡선

최종 지붕의 형태를 조금 더 설명하자면 시공의 편리함과 구조적 안정성을 위하여 지붕의 곡선은 동일한 구에서 얻어진 곡면을 사용하고 그 구조로는 Shell 대신 Rib구조를 채택한 것이다. 동일 구의 곡면의 지붕을 위해서는 구의 Small Circle스몰 서클: 작은 원을 이용해서 지붕 끝선Ridge리지 곡면을, Great Circle그레이트 서클: 큰 원을 이용하여 구조체 Rib의 곡면을 만들었다.그림 4-33,34 여기서 Great Circle은 구의 중심을 지나는 단면의 원을 말하며, Small Circle은 구의 중심을 지나지 않는 단면의 원을 의미한다.

이렇게 6년간의 고민 끝에 Sydney Opera House 지붕은 외부 형태상으로는 Shell 구조처럼 보이지만, 내부적으로는 갈비뼈처럼 Rib를 연속적으로 이어서 만든 곡면으로 마무리되었다. 앞에서도 언급된 'Shell Like Roof' 라는 표현은 지붕의 외형이 조개 껍질 같다는 뜻도 있지만, 사실은 '무늬만 Shell 구조' 라는 의미가 더 강할 것이다. 헌데 이렇게 어렵게 찾은 해결 방법은 놓고 Utzon과 Ove Arup 양 측에서 아직도 서로 자신이 제안했다고 논란 중이라니 좀 씁쓸한 마음이 드는 것을 어쩔 수 없다.

지붕을 만드는 Rib의 형태

설계 원안과는 좀 차이가 있지만, Shell과 같은 모양의 Sydney Opera House 지붕의 곡면을 완성할 수 있었던 가장 중요한 요소는 Great Circle 곡면을 따라 휘어진 속이 빈 Hollow홀로우 Rib 구조이다. 이 Rib 구조를 제대로 이해하지 못하여 일부 책자에서는 Sydney Opera House 지붕을 Shell 구조나 철골 뼈대라고 잘못 표기하고 있으니, 이 책을 통해 Rib구조를 한번 짚고 넘어가고 싶다. 완공 이후 Utzon이 지붕의 구조 및 형태에 대한 이해를 돕기 위해 오렌지 껍질까지 인용했던 것도 비슷한 연유일 것이다. 그림4-36

Sydney Opera House 지붕은 반지름 75m246ft인 구 형태Spherical Scheme의 일부로 가장 큰 지붕의 높이는 54.6m180ft, 가장 넓은 폭은 57m188ft 이다. 지붕세트들은 보기에는 서로 다른 크기지만 하나의 구 형태에서 따온 동

4-36 Opera House 앞에 설치되어있는 지붕형태에 대한 설명.
Utzon은 1992년 한 잡지에 오렌지 껍질을 인용하여 이 방법을 설명하였다.

일한 곡률을 갖는다. 그림4-35, 36

Ove Arup의 Rib구조는 이런 동일 곡률의 Rib을 사용함으로써, Utzon의 디자인 의도를 최대한 살리면서도 쉽고 빠른 제작을 위한 훌륭한 제안이었다고 할 수 있다.

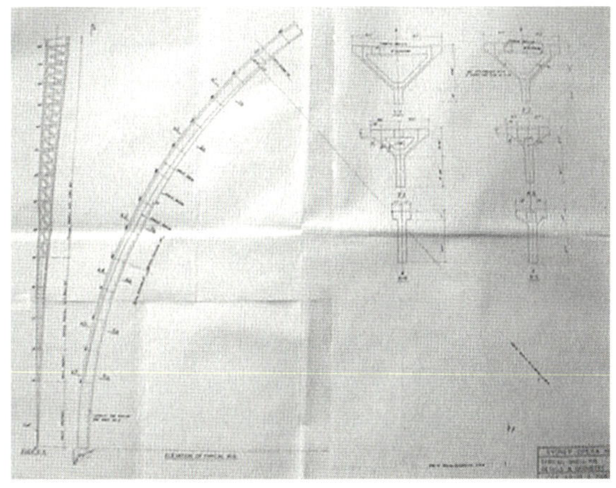

4-37 Ove Arup에서 제공받은 Rib의 단면과 Rib를 구성하는 각 조각의 단면도면

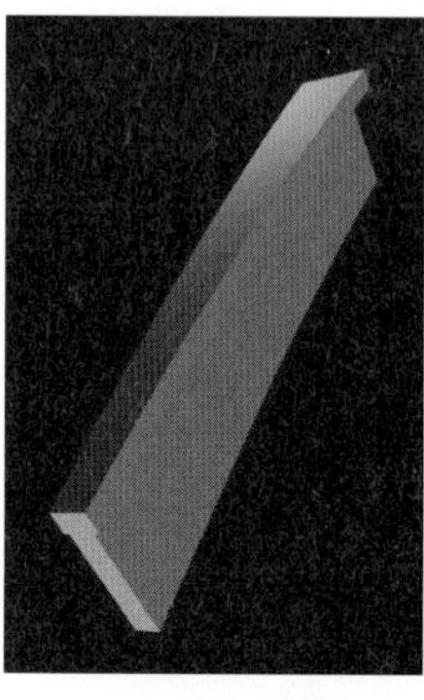

4-38,39 컴퓨터 모델로 제작한 Rib 조각의 모습 T형에서 Y형으로 점점 넓어진다.

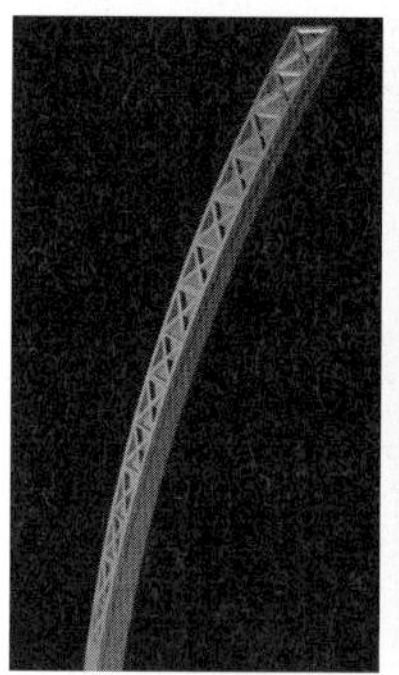
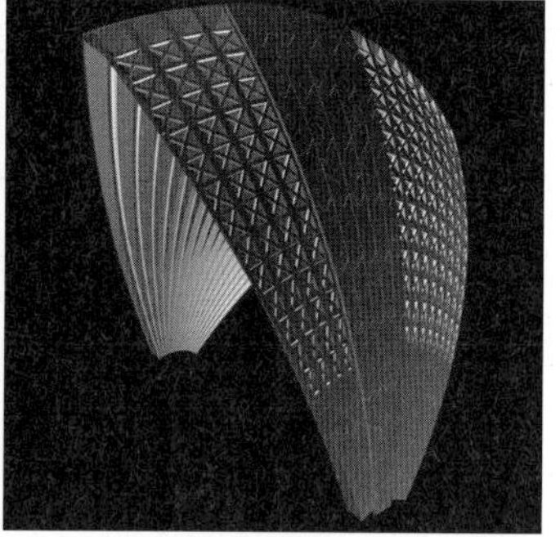

4-40 여러 모양의 조각으로 구성된 Rib
4-41 Rib를 이어 만든 곡면 지붕과 타일을 붙인 지붕의 마감면

Sydney Opera House의 지붕을 자세히 살펴보면 그림4-35처럼 각 지붕 세트는 부채꼴 모양의 Rib을 여러 개 옆으로 붙여 만든 것을 알 수 있다. 이 Rib은 여러 개의 조각들로 다시 나뉘는데, 각 조각은 길이와 곡률은 같지만 Rib의 바닥 부분에 해당하는 'T' 자부터 지붕 끝단에 해당하는 폭이 넓고 깊은 'Y' 자의 단면까지 모두 다른 모양을 띈다.그림4-37~40 하나의 Rib은 Precast프리캐스트: 사전제작된 기본 조각들을 필요 길이에 따라 최고 12개까지 연결하여 제작되었고, 단지 각 Rib의 지붕 끝단에만 크기와 형태가 다른 조각이 사용되었다. Rib의 중심선 사이는 3.65도가 유지되었다.

그림4-38~41은 Rib를 3D 컴퓨터 모델링(GSD에서 학위 중이던 1997년 시공사인 Ove Arup에서 직접 받은 도면을 활용하여 제작한 모델로, 이 과정을 통해 건물의 구조에 대한 현대적인 해석을 시도하였다.)으로 제작해 본 결과로 각 부분에 대해 상세히 보여준다.

Ove Arup의 Rib구조는 동일 곡률의 기본 조각을 사용하기 때문에 Precast방식으로 제작할 수 있어 짧은 기간 내에 효율적으로 건물을 완공하기 적당하다는 장점을 갖는다. 한 개의 거푸집에서 기본 조각을 계속 만들어낸 후 지붕의 높이에 따라 조각의 개수만 다르게 이어 붙여 조립하면 되기 때문이다. 그림4-42~43

4-42 거푸집을 이용해 Rib의 조각을 제작하는 모습

4-43 Precast Rib 조각을 운반하여 조립하는 모습

4-44 Post-Tension공법으로 Rib조각을 연결하는 작업

Rib 조각들은 Post-Tension포스트-텐션 공법으로 서로 연결하였다. 즉 Rib 맨 아랫부분에 부채꼴 모양의 콘크리트 Pedestal페데스탈을 설치하여 Rib을 지탱하도록 하였으며, Rib 조각들을 연결하는 철사가 이 부분에 고정되도록 하였다. 그림4-44,45

4-45 Rib을 연결해 만들어진 지붕의 내부. Rib과 연결된 콘크리트Pedestal

이렇게 Sydney Opera House는 건물을 대표하는 지붕의 형태와 구조, 제작방식을 결정하는데 비록 오랜 시간을 허비했지만, 그 과정은 진정한 건축공학Architectural Engineering아키텍처럴 엔지니어링의 힘을 보여주는 흐뭇한 사례임에 틀림없다.

4-46 바다를 향해 있는 건물 뒷면의 커다란 유리면. 입체적인 디자인이 돋보인다.

한편 바다를 향한 건물 앞면은 유리를 사용한 Glass Curtain글래스 커튼이 사용되었는데, Utzon은 흡사 바람에 펄럭이는 커튼 모양으로 전면 유리를 디자인하기 위해 직접 실을 사용하여 모델을 제작하였다.그림4-46,47이 Glass Curtain은 Italy의 Façade 제작업체인 Pamastallisa 사에서 제작하였는데, Pamastallisa 사의 기술력과 명성은 이후 Gehry의 Guggenheim Museum Bilbao의 Titanium 외피 제작으로도 이어져 이 두 건물의 우연찮은 인연에 놀라게 한다.

수많은 변경과 재설계의 과정을 거쳐 Sydney Opera House는 1973년 Sydney를 대표하는 랜드마크 건물로 화려하게 완공되었다. 결과론적으로 성공적인 프로젝트이지만 Sydney Opera House는 정치적 혼란의 시기에 무리하게 추진되어, 경험은 부족하지만 의욕 넘치던 젊은 건축가가 디자인을 충분히 재고할 시간을 허락할 여유를 갖지 못했다는 점에서 여전히 보는 이를 안타깝게 만든다.

4-47 Glass Curtain의 내부. 커다란 유리를 지지하기 위한 독특한 구조물이 사용되었다.

이는 예정보다 3배 이상의 시간과 15배 이상의 비용을 낭비하게 했을 뿐만 아니라, 젊은 Utzon을 불명예 사임시킨 불미스러운 사건까지 초래하였기 때문이다. 1999년 Utzon은 Sydney Opera House의 리노베이션을 담당하는 건축가로 재임명되었으니 이들의 불편한 관계는 어느 정도 해소된 듯 보이기도 하지만, 사임 이후 그가 이렇다 할 새로운 건물을 설계하지 못한 것은 Utzon 개인의 불명예라기보다 건축계 전체의 큰 손실임에 틀림없기 때문에 더욱 안타까운 것은 어쩔 수 없다.

물론 많은 시간이 흐른 후의 일이지만, Spain, Basque 자치정부의 든든한 지원을 받으며 건설된 Guggengheim Museum Bilbao을 통해 높아진 위상으로 Gehry는 더욱 활발하게 훌륭한 건물을 설계하고 있음을 상기할 때, Utzon의 좌절이 더욱 가슴 아픈 것에 이 건물을 좋아하는 많은 이들이 공감할 것으로 믿는다.

4-48 Sydney Opera House의 완공 후 첫 공연을 듣기 위해 모여든 근로자들의 모습
첫 공연은 건물을 위해 땀 흘린 근로자들을 위해 열렸다.

4-49 Opera Hall의 내부

4-50 Harbor Bridge와 함께 Sydney를 대표하는 Sydney Opera House

Gaudí의 건물들

La Sagrada Família Barcelona, Spain, 1883~Present

La Colonia Güell Santa Foloma de Cervello, Spain, 1898~

'도시와 문화를 바꾸는 곡면의 건축'에 대한 이야기를 진행하면서 Spain이 낳은 세계적 건축가 Antonio Gaudí의 건물을 그냥 지나칠 수는 없다. 방대한 그의 건축물을 모두 '곡면의 건축' 범주에 포함시키는 것은 무리가 있겠지만, 자유로운 형태와 대담한 곡면이 본격적으로 사용되는 그의 후반기 작품들은 디자인부터 구조 기술의 수준까지 현대의 곡면 건축에 절대 뒤지지 않는 독창성과 완성도를 보이기 때문이다.

4-51 기괴한 형상의 Casa Milá(La Pedra) 지붕의 굴뚝

4-52,53 Casa Batllo의 해골을 연상시키는 특이한 입면

4-54 커다란 바위산을 떠올리게 하는 물결치듯 굽어진 Casa Milà의 외관

특히 자신만의 구축방법을 성공적으로 적용한 La Colonia Güell라 콜로니아 구엘: 구엘 성당과 La Sagrada Família라 사그라다 파밀리아: 성 가족 성당(혹은Templo Expiatorio de la Sagrada Familia템플로 엑시피아토리오 델라 사그라다 파밀리아: 사그라다 파밀리아 성당)는 그의 집념과 천재성을 그대로 드러내는 대표적 곡면 건축이라고 할 수 있다.

이 책에서는 이 두 건물을 위주로 Gaudí의 건축 철학과 그만의 독창적 구축방법에 대해 사진을 곁들여 간단히 다루어 볼 것이다.

Gaudí의 건물은 Spain의 Barcelona 시 인근에 집중되어있다. 앞서 Gehry의 The Great Fish of Barcelona에서도 언급되었지만, Barcelona는 지중해를 끼고 있는 천해의 자연환경과 독특한 지역문화, 그리고 풍부한 예술자원이 매력적인 그야말로 세계적 관광의 도시이다. 하지만 Barcelona를 찾은 관광객이라면 이 도시가 'Gaudí의 도시'라는 사실에 전적으로 공감할 것이다. Barcelona를 설명하는 거의 모든 안내서는 Gaudí의 건물에서 출발하며, 지도와 표지판은 어김없이 Gaudí의 건물로 향하고 있을 정도이니 말이다.

도시의 관광명소의 절반 이상을 Gaudí 건물이 차지하고 있는 셈이니, 건축가와 그의 건물이 한 도시에서 이토록 중요한 위치를 차지하는 경우는 세계 어느 곳에서도 그 유래를 찾기 어려울 정도이다.

Barcelona가 Gaudí를 이토록 소중하게 여기는 이유는 무엇일까.

128년째 건설 중이라는 대규모의 성당, La Sagrada Família의 기묘한 첨탑장식이나 Parc Güell파크 구엘: 구엘 공원의 화려한 조각타일, 혹은 Casa Milà 까사 밀라(현지에서는 일명 La Pedrera라 페드레라, 즉 채석장이라는 애칭으로 더 많이 알려져 있다.) 지붕에 내려앉은 외계인 형상의 굴뚝같은, 상상을 뛰어넘는 디자인 때문만은 아닐 것이다.그림4-57 그의 건물들은 그저 특이하고 기묘하기 위해 장식되었다기 보다는 신이 만든 곡선의 건축을 추구하는 건축관, 자연을 닮은 자유로운 사고, 유기적인 형태를 실현하기 위한 끊임없는 연구가 복합적으로 만들어낸 결과물이기 때문일 것이다.

4-55 Gaudí가 영감을 얻었던 대자연의 산물은 인체골격부터 조개껍질까지 다양하다.

4-56 Casa Milà 최상층에 천정으로부터 드리워진 로프가 만들어내는 현수선과 이를 구조적으로 적용시킨 천정의 포물형 아치가 자연스럽게 대비된다.

4-57 Casa Milà 지붕의 외계인 형상을 한 기괴하면서 아름다운 굴뚝

아름다움을 건축한 수도자 Gaudí

손세관 교수는 '안토니오 가우디' 란 책에서 '아름다움을 건축한 수도자' 라는 부재로 Gaudí를 설명하고 있다. 인간 Gaudí는 종교적인 믿음으로 충만한 민족주의자이자, 대자연을 사랑하며 수공 기술을 존경하는 정직한 건축가였다. 실로 그는 자연에서 시작된 아름다움을 건축물로 승화시킨 신앙이 충만한 건축가였음에 틀림없다.

Gaudí가 활동하던 1800년대 후반부터 1900년대 초반은 산업혁명의 여파로 사회, 문화 전반에서 '새로움' 이 요구되던 변화의 시기였다. 특히 Catalunia카탈루니아 지역에서 당시 활발하게 전개되던 지역문화의 부흥 운동은 Gaudí에게 고향의 대자연이 주는 아름다움과 민족정신에 대한 애정을 더욱 굳건하게 해 주었다.

4-58 Art Nouveau 경향의 실내장식이 돋보이는 Casa Milà의 내부

기존의 질서를 넘어서는 새로운 문화의 바람은 기술의 발전과 함께 건축계에도 영향을 미쳤는데, Gaudí가 초기부터 즐겨 사용하던 화려한 곡선의 장식들도 이런 흐름의 하나인 Art Nouveau아르누보적 경향이 반영된 것이다.

하지만 점차적으로 자연에서 모티브를 딴 그의 장식들은 단순히 구조물을 가리기 위한 의미 없는 부속물이 아니라 구조체와 하나로 통합된 유기적 요소로서 사용되었다.

궁극적으로 Gaudí는 영혼과 신체가 결합되어야 완성되는 인체처럼 형상과 구조, 즉 상상력과 기술이 결합된 진정한 의미의 건축을 추구하였다.

그의 건축관은 언제나 그를 지켜주던 종교의 힘, 대자연에 대한 애정, 그리고 Catalunia 민족정신을 기반으로 끊임없는 창의적 도전과 실험을 통해 무르익어 특히 그의 후기 작품에서 여실히 드러나 있다.

물론 Gaudí는 Digital 건축이나 컴퓨터를 전혀 몰랐지만, 원하는 형태의 건물을 실현하기 위한 논리와 구축방법의 전개, 즉 건축을 생각하는 방법에 있어서는 현재의 Digital 건축가를 능가하는 방법론을 추구한 진정한 건축가였다고 자신있게 평가할 수 있다.

이러한 Gaudí의 건물을 제대로 돌아볼 요량이라면, 그의 건축세계를 이해하는 것이 선행되어야 할 것이다. La Sagrada Familia의 지하 박물관과 Casa Milà의 최상층 전시실에는 Gaudí 건축물의 컨셉, 모형, 구조, 구축방법 등 그의 건축 세계가 한눈에 살펴보기 좋게 전시되어있다.그림4-59~61

두서없이 그의 건물을 순회하기 보다 이곳을 먼저 둘러보고 그의 건축을 체계적으로 이해하는 것에서 Barcelona 관광을 시작할 것을 적극 추천한다.

4-59,60,61 Casa Milà에 전시되어있는 Gaudí 건물의 모형들
La Colonial Güell, Parc Güell ,La Sagrada Familia

4-62 La Sagrada Familia의 Passion Façade

속죄의 사원, La Sagrada Familia

Gaudí의 대표적인 곡면 건물로는 역시 그가 모든 역량을 바쳐 건설한(완성하지 못했지만) La Sagrada Familia를 꼽지 않을 수 없다. 이 건물은 1883년부터 그가 사망하던 1926년까지 43년간 Gaudí의 평생 경험과 지식을 바탕으로 만들어진 최고의 건물이다.그림4-62

La Sagrada Familia는 고딕 성당처럼 하늘을 찌를 듯이 높은 첨탑(중앙탑의 예상높이는 170m이다.)과 길이 150m, 폭 60m에 이르는 웅장한 규모의 성당이다.

Gaudí는 이 성당에 모두 18개의 첨탑을 계획하였는데, 각 첨탑은 높이에 따라 12명의 사도, 4명의 성인, 성모 마리아를, 그리고 중앙의 가장 높은 첨탑은 예수 그리스도를 상징하도록 계획하였다.

성당은 계단을 통해 진입하는데, 세 부분의 Façade는 예수의 일생, 즉 Nativity네이티버티: 탄생(동측)와 Passion패숀: 수난(서측), 그리고 Glory글로리: 영광(남측) 이야기가 정교한 조각으로 표현되어있다.그림4-63,64 Façade의 조각을 포함하여 첨탑 위에 얹어지는 상징물, 화려한 스테인드 글라스, 내부장식 등은 모두 '신이 머무는 곳이며 기도하는 장소'인 성당의 본래 의미가 극대화되도록 신중하고 정성스럽게 계획되었다.

Gaudí에게 La Sagrada Familia는 '돌로 만든 성서'와도 같았으며, 작은 장식이나 상징물 하나까지 모든 제작 과정을 '속죄의 과정'으로 생각했다고 한다. 비록 30세의 젊은 나이에 시작한 공사였지만, 그는 서두르지 않고 연구와 실험을 거듭하며 최고의 걸작을 만들기 위한 노력을 계속했다.

물론 Gaudí는 이 성당을 자신의 생애 내에 완공할 수 없다는 것을 인지하고 있었으므로 Nativity Façade를 우선 완성하여 사후 참고할 본보기가 되도록 배려했다.

4-63 Nativity Façade 일부

이에 그의 사후인1976년 Passion Façade가 완공되었고 현재는 Gaudí의 사망 100주기를 맞는 2026년 완공을 목표로 부속건물과 중앙의 첨탑, Glory Façade 공사가 진행 중이다.

La Sagrada Familia의 첨탑부터 작은 타일조각까지 모든 부분은 신성한 종교의 세계를 상징하고 있지만, Gaudí는 그 의장적 부분과 건축적 외관, 구조부분을 따로 분리하여 생각하지는 않았다.

4-64 Passion Façade의 조각상

그는 대자연의 아름다움이란 일부러 꾸며진 것이 아니라 유용하고 기능적인 결과로 얻어진 것이므로, 건축가 역시 건물이 요구하는 기능에 충실하다면 아름다운 건물을 만들 수 있다고 믿었다. 이런 믿음에 따라 La Sagrada Familia의 모든 요소는 신성한 기도의 공간이라는 기능을 위해 장식과 구조의 구별 없이 자연스러운 유기적 관계를 형성하며 공존하고 있다.

4-65 Glory Façade 쪽의 창과 벽면의 장식

La Sagrada Familia는 고딕 양식의 성당에서 출발하지만, Gaudí는 고전적인 고딕 양식의 문제점을 파악하고 자신만의 건축관으로 새로운 성당을 설계하였다. 우선 권위를 상징하는 기존 성당의 크고 높은 Dome돔이나 Pointed Arch포인티드 아치: 첨두아치 대신 가늘고 높은 모양에 화려한 장식을 얹은 특이한 형상의 La Sagrada Familia의 첨탑에서 그의 실험정신과 아이디어가 돋보인다. 그림4-66

그림4-66 높이 솟은 첨탑의 일부. 아름답게 장식된 첨탑부분

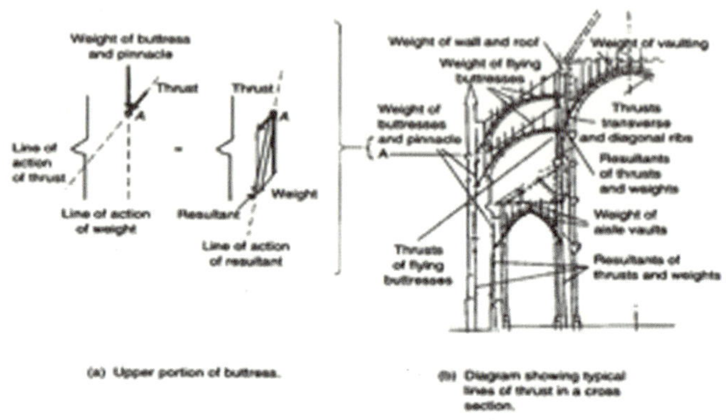

4-67 고딕 성당에서 나타나는 보조구조물인 Buttres의 구조 © by Daniel Schodek

4-68 Paris의 Notrdam 성당의 Flying Buttress

한편 Gaudí는 수직적으로 높고 수평적으로 개방감 있는 고딕의 공간을 선호했지만, 이로 인해 어쩔 수 없이 나타나는 보조 구조물들, 즉 Buttress버트러스: 부축벽나 Flying Buttress플라잉 버트러스: 중간에 아치형 구멍이 있는 Buttress를 불안한 구조의 산물로 치부했다. Buttress나 Flying Buttress는 Rib Vault리브 볼트를 사용하여 넓은 내부공간을 가진 고딕 건물에서 거대한 Vault나 Pointed Arch의 하중, 특히 옆으로 밀어내는 힘Thrust트러스트: 추력을 받쳐주기 위해 설치하는 버팀목 형식의 추가 외부벽체그림4-67,68인데, 이 구조물을 Gaudí는 다리 다친 사람이 가지고 다니는 목발처럼 건강하지 못한 건물의 보조장치 정도로 보았던 것이다.

그는 처음부터 Thrust, 즉 하중을 받아 옆으로 밀어내는 힘 자체가 없도록 디자인하면 Buttress나 Flying Buttress같은 부수적인 구조물이 필요치 않다고 생각했다. 이를 위해 그는 우선 첨탑의 형태를 가늘고 높게 수직적으로 올려, Thrust를 최소화시키는 대신 첨탑의 꼭대기에 각 첨탑이 대표하는 상징물을 얹고 타일조각으로 화려하게 장식하였다.그림4-66 뿐만 아니라 Façade 부분에 기울기를 갖는 기둥을 사용해 건물 하부가 넓게 퍼지도록 하고, 내부에도 특별히 디자인한 기둥을 설치하여 보다 안정적으로 하중을 처리할 수 있게 하였다.그림4-69

그림4-69 기울어진 기둥의 모습. 하단부로 갈수록 넓어져 하중을 보다 안정적으로 받아주는 효과가 있다.

4-70 나뭇가지 모양으로 특별히 디자인 된 내부 기둥의 모습. 숲을 연상시킨다.

회랑을 따라 늘어서 '기둥의 숲'으로도 불리는 이들 내부 기둥은 나뭇가지 모양의 주두를 갖는데, 기둥에서 갈라져 나온 나뭇가지는 부분별 하중과 중력에 알맞도록 특별히 설계되었다. 한편 나무 기둥들 사이에는 둥근 천창을 뚫어 채광이 되도록 하여, 마치 나무 사이로 햇살이 스며드는 숲 속과 같은 분위기가 이어지도록 세심하게 배려했다.그림4-70,71

Gaudí는 La Sagrada Familia의 건축요소에 형태적으로 철저히 Ruled Surface룰드 서피스: 규칙을 갖는 곡면을 사용하였다. 이는 곡면부분의 정확한 시공을 위해 선택한 방법으로 매우 창의적인 시공방법이라 할 수 있다. Ruled Surface의 대표적인 예로, 내부의 나무 기둥을 들 수 있다. 나무 기둥은 자연 상태의 나무 형상을 따르지만 기둥의 단면을 자세히 살펴보면 타원에서 사각형으로, 그리고 다시 타원으로 돌아가는 규칙이 있는 곡면으로 되어 있다.그림4-71

4-71 자연상태의 기둥과 나무 기둥의 모습을 비교한 그림

4-72 나무 기둥의 단면을 보여주는 이미지와 마디 부분에 사용된 타원체에 대한 설명
4-73,74 Hyperboloid와 Hyperbolic Paraboloid를 설명한 그림과 적용된 건축요소

4-75 직선의 거푸집을 이용한 콘크리트 곡면 제작장면.
성당에는 현재도 공사가 진행 중이다.

또한 타원체를 사용해 기둥의 마디부분을 표현하거나그림4-72, 곡면을 표현하기 위해 La Sagrada Familia의 곳곳에서 Hyperboloid하이퍼볼로이드: 쌍곡면과 Hyperbolic Paraboloid같이 직선을 이용하는 기하학적인 도형인 곡면도형을 사용하였다.그림4-73~77

4-76,77 채광과 스테인드 글라스 장식을 위해 천정과 벽면에 뚫린 창에 Hyperboloid 형상이 이용되었다.

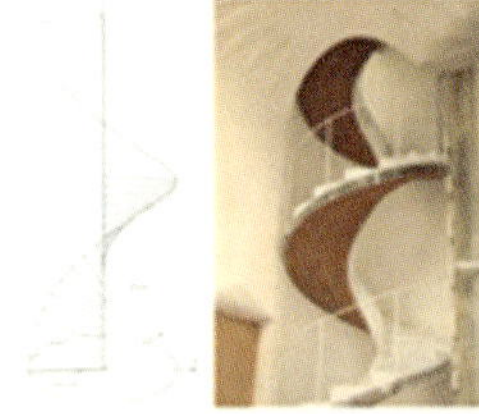

4-78,79 나선체 원리를 이용하여 만들어진 나선형 계단/ 계단과 주변 학교건물의 지붕 형상의 원리

그림4-73~75에서 보이는 도구는 직선의 거푸집을 이용해 콘크리트로 원하는 곡면, 즉 Hyperboloid와 Hyperbolic Paraboloid를 만드는 장면이다. Hyperboloid 형상은 지붕과 벽면에서 채광을 위해 뚫어 놓은 구멍을 입체적으로 보이도록 하는데 사용되었으며, Hyperbolic Paraboloid는 첨탑 위 장식을 얹는 받침대와 수난 Façade의 첨탑 사이를 연결하는 다리 등에 사용되었다.그림4-76,77

그 밖에 나선형 계단에는 수직축을 중심으로 이에 직각되는 직선이 나선형으로 돌면서 곡면을 만드는 Helicoid헬리코이드: 나선체가, 성당 바로 옆에 있는 학교 건물에는 Conoid코노이드: 원뿔형 형상이 이용되었다.그림4-78,79

한편 Gaudí는 철근과 콘크리트를 함께 쓰는 R.C를 최초로 사용한 건축가 중 한 명으로도 알려져 있다. La Sagrada Familia의 중 Nativity Façade의 기둥부분에 R.C를 사용하였으며, 내부 기둥 등에도 하중을 보강하기 위해 사용할 것을 제안하기도 하였다. 그의 든든한 후원자였던 Eusebi Güell에우세비 구엘이 Spain 첫 번째 시멘트 공장인 Portland Cement포트랜드 시멘트회사를 소유하고 있었기 때문에 Gaudí는 자연스럽게 누구보다 빨리 R.C를 접할 수 있었던 것이다.

La Colonia Güell

Barcelona 북쪽 Santa Foloma de Cervello싼타 포로마 데 세르벨로에 위치한 Güell Industrial Village구엘 인더스트리 빌리지: Güell 소유의 벨벳 공장 사람들이 모여 사는 동네 주민을 위한 성당이다. Gaudí는 1908년 La Colonia Güell 공사를 시작하기 앞서 10여 년간 디자인 연구와 각종 실험을 실시했으며, 이 실험의 많은 부분이 La Sagrada Familia에 큰 영향을 미친 것으로 잘 알려져 있다. 그림4-80,81

4-80,81 Gaudí가 구상한 La Colonia Güell의 실험장면과 이와 일치하는 완공예상 모습

4-82 La Colonia Güell의 전경

대부분의 실험과 연구는 공간성을 유지하면서 자연스럽게 하중을 처리하기 위한 구조 문제와 석재를 사용한 유기적 디자인의 구축성 문제와 관련된 것으로 Gaudí는 그림4-83과 같은 장치를 실험에 사용하였다. 이 장치는 지붕 천장에 철사 줄(혹은 실)을 U자 형태로 늘어뜨리고, 이 줄에 무게가 일정한 작은 추(캔버스에 총알이나 모래을 넣어 만든 작은 주머니)를 매다는 것을 연속적으로 설치함으로써, 철사줄이 추의 무게로 자연스럽게 늘어지면서 만들어 내는 형상을 보기 위한 실험이다.

구조역학적으로 이 실험은 압축력Compression은 전혀 받지 못하고 인장력Tension만 받는 철사 줄에 추를 이용하여 실제 계산된 하중이 가해지면 이 줄이 자연스럽게 현수교의 현수선Catenary캐터너리과 같은 형태를 만들어내는데, 이를 뒤집게 되면 반대로 자연스럽게 인장력은 배제되고 압축력만 흐르는 형태를 얻게 된다는 원리에서 출발한다.

이러한 실험이 시작된 이유는 Gaudí가 주변에서 쉽게 구할 수 있고 내구성이 뛰어난 재료인 석재를 자주 사용했기 때문이다. 그는 자연의 형상이나 재료를 사용하여 자연과 일체가 될 때 건축물의 아름다움이 완성된다고 믿었는데, 석재는 인장력이 약하다는 구조적 단점을 가지고 있었던 것이다.그림4-84~86

Gaudí는 이러한 석재의 약점을 보완하기 위해 각종 실험을 거듭했는데, 특히 La Colonia Güell을 대상으로 하여 하중을 계산해 등분포되는 작은 추를 매다는 실험을 계속한 끝에 모형의 사진을 뒤집은 것과 같은 곡선을 갖는 건물을 설계할 수 있었다.그림4-80, 81 이렇게 자연스럽게 인장력은 배제되고 압축력만 흐르는 형태를 사용하면 석재로도 원하는 건물을 내구성 있게 만들 수 있다는 사실은 이후 La Sagrada Familia의 설계에도 큰 영향을 미쳤다.

4-83 La Sagrada Familia의 지하박물관에 재현되어있는 Gaudí의 실험도구

4-84 주변에서 구할 수 있는 다양한 종류의 석재가 사용된 여러 가지 형상의 기둥들

비록 Güell의 재정상태가 어려워지고 Gaudí 역시 La Sagrada Familia의 건설에 전념하게 되어 La Colonia Güell은 건물의 하층부만 건설되고 끝내 완성되지 못했지만, Gaudí는 자신이 만들어낸 곡선 구조체에 기초한 성당 설계안에 매우 만족했으며 성당 건축의 최고라고 자부했다고 한다.

La Colonia Güell은 Gaudí가 완성한 부분 (당시에는 Crypt크립트: 지하제실로 계획되었다) 그대로 현재는 예배당으로 이용되고 있는데, 지역에서 수급한 석재로 만든 뒤틀린 듯 자연스러운 구조체는 주변의 소나무 숲과 완전히 일체화되는 느낌을 준다.그림4-86

강인하고 소박한 이 건물 앞에 서면 별도의 의장적 요소가 없더라도 정말 자연스럽고 아름다워서 Gaudí가 천재적 건축가이자 구조설계가임을 실감할 수 있을 것이다.

4-85 예배당으로 사용되는 실내..
투박한 기둥들은 La Sagrada Familia의 날렵한 기둥으로 발전되었다.

4-86 주변의 소나무와 완벽하게 조화를 이루는 자연스러운 곡선의 기둥

Image Licensing

'도시와 문화를 바꾸는 곡면의 건축'에 포함된 대부분의 이미지는 필자가 직접 촬영한 것이다. 일부 설명을 위해 꼭 필요한 이미지는 Wikimedia Commons위키미디아 커먼스에서 공공에게 이미지 사용을 허용한 이미지만으로 제한하여 기제하였으며, 이들 이미지의 저작권 허용 내용은 아래와 같다.

출처: Wikimedia Commons

그림번호	이미지이름	저자	저작권허용 내역
1.1	Zubizuri nignt	Krutxio	CC-by-2.0
1.11	Gug3	Phil Ming	CC-by-2.0
3.22	Blank map of Europe	Inkscape	CC-by-2.0 GFDL-1.2
3.26	Museo de bellas artes	Deibid	P.D
3.28,29	Histórico Vasco 1/5	Zarateman	P.D
3.35	Pasarela Isozaki	Fernando Pascullo	P.D
3.36	Zubizuri from West	Andreas Praefcke	CC-by-2.5 GFDL-1.2
3.37	Zubia jun	Javier Ezquibela	CC-by-2.0
3.38	Puente Colgante	Deibid	P.D
3.39	Trainera Transbordador Vizcay	Javier Ezquibela	CC-by-2.0 GFDL-1.2
3.41	Iberdrola dorrea 2010-01-26	Zariquiegui	P.D
3.42	Arenal Bilbobus 56	Javier Ezquibela	CC-by-2.0 GFDL-1.2
3.44	Metro Bilbao Map	Laukatu	CC-by-2.0 GFDL-1.2
3.47	Estación Metro Basarrate 004	Javierme	CC-by-2.0 GFDL-1.2
3.48	EuskoTran	Leland	CC-by-2.0 GFDL-1.2
3.49	mapa de red de EuskoTran Bilbao	Leland	CC-by-2.0 GFDL-1.2
3.59	TapasenBarcelona.	José Porras	CC-by-2.0 GFDL-1.2
4.9	Roots and Branches	Patrick Swint	CC-by-2.0
4.29	Jfkairport	Pheezy	CC-by-2.0

저작권허용 내역은 아래와 같다.

이 밖에 일부 이미지는 필자가 Harvard GSD에서 수업자료로 받은 내용에서 발췌한 것들로 출처를 알기 힘든 것도 있음을 미리 밝혀둔다.